电子技术实验

（第二版）

主　编　谭述芝

副主编　吕　泷　皮秀军

西南交通大学出版社
·成　都·

图书在版编目（CIP）数据

电子技术实验 / 谭述芝主编. —2 版. —成都：
西南交通大学出版社，2017.8
ISBN 978-7-5643-5617-0

Ⅰ.①电… Ⅱ.①谭… Ⅲ.①电子技术–实验–高等
学校–教材 Ⅳ.①TN-33

中国版本图书馆 CIP 数据核字（2017）第 176576 号

电子技术实验
（第二版）

主　　编／谭述芝	责任编辑／穆　丰
	特邀编辑／宋彦博
	封面设计／原谋书装

西南交通大学出版社出版发行
（四川省成都市二环路北一段 111 号创新大厦 21 楼　610031）
发行部电话：028-87600564
网址：http://www.xnjdcbs.com
印刷：四川五洲彩印有限责任公司

开本　185 mm×260 mm
印张　11　　字数　273 千
版次　2017 年 8 月第 2 版　　印次　2017 年 8 月第 3 次

书号　ISBN 978-7-5643-5617-0
定价　29.00 元

图书如有印装质量问题　本社负责退换
版权所有　盗版必究　举报电话：028-87600562

第二版前言

实验教学是工科院校教学中的重要环节之一。通过实验,学生可以巩固并加深对基础理论知识的理解,培养独立分析问题、解决问题的能力和严谨的工作作风,尤其能提高动手能力,以适应未来工作的需要。

本实验指导书与"模拟电子技术基础"和"数字电子技术基础"两门课程密切配合,力求理论知识与工程实际紧密联系。通过实验,学生应了解实验仪器及仪表的基本工作原理,熟练掌握其使用方法,初步具备自行拟定实验步骤、检查与排除一般故障、分析实验结果、撰写实验报告,以及分析和设计基本模拟电路、数字电路的能力。

本书由 2 篇组成:第 1 篇为"模拟电子技术基础实验",共有 19 个实验;第 2 篇为"数字电子技术基础实验",共有 14 个实验。所有实验项目的编排遵循循序渐进的原则,其内容由简单到复杂,最后有难度较大的综合实验。教师在实际教学过程中,可根据专业要求合理选择实验个数及内容。

每个实验均包括实验目的、实验原理、实验设备与器件、实验内容、预习要求、思考题和实验报告要求等内容。其中,实验原理主要结合实验内容概括介绍基本工作原理及实验方法。

为了达到预期的实验目的,学生必须在实验前按每个实验的具体要求认真预习;在实验过程中,严格按照科学的操作方法进行实验,做好原始数据记录;实验结束后,认真撰写实验报告。撰写实验报告是培养科学实验基本技能的重要环节,报告内容包括:实验目的、实验任务、实验所用仪器及仪表、实验电路、实验数据与波形、实验结果分析与讨论以及每个实验对实验报告的特殊要求等。此外,实验报告还必须附有实验数据与波形的原始记录。

为满足教学需要,我们在此次出版时对第一版的内容做了适当改编和增补。书中第 1 篇的实验 1、6、7、11、13、15、16、17、18、19 和第 2 篇的实验 1、3、5、9、10、11、13、14 由重庆公共运输职业学院谭述芝改编;第 1 篇的实验 8、9、10、12、14 和第 2 篇的实验 6、7、8 由重庆公共运输职业学院吕泷改编;第 1 篇的实验 2、3、4、5 和第 2 篇的实验 2、4、12 由重庆公共运输职业学院皮秀军改编。全书由谭述芝统稿。

限于作者水平和时间,书中不足之处在所难免,欢迎广大读者批评指正。

作 者

2017 年 3 月

第一版前言

实验教学是工科院校教学中的重要环节之一。通过实验，学生可以巩固并加深对基础理论知识的理解，培养独立分析问题、解决问题的能力和严谨的工作作风，尤其能提高动手能力，以适应未来工作的需要。

本实验指导书与"模拟电子技术基础"和"数字电子技术基础"两门课程密切配合，力求理论知识与工程实际紧密联系。通过实验，学生应了解实验仪器及仪表的基本工作原理，熟练掌握其使用方法，初步具备自行拟定实验步骤、检查与排除一般故障、分析实验结果、撰写实验报告，以及分析和设计基本模拟电路、数字电路的能力。

本书由 2 篇组成：第 1 篇为"模拟电子技术基础实验"，共有 18 个实验；第 2 篇为"数字电子技术基础实验"，共有 14 个实验。所有实验项目的编排遵循循序渐进的原则，其内容由简单到复杂，最后有难度较大的综合实验。教师在实际教学过程中，可根据专业要求合理选择实验个数及内容。

每个实验均包括实验目的、实验原理、实验设备与器件、实验内容、预习要求、思考题和实验报告要求等内容。其中，实验原理主要结合实验内容概括介绍基本工作原理及实验方法。

为了达到预期的实验目的，学生必须在实验前按每个实验的具体要求认真预习；在实验过程中，严格按照科学的操作方法进行实验，做好原始数据记录；实验结束后，认真撰写实验报告。撰写实验报告是培养科学实验基本技能的重要环节，报告内容包括：实验目的、实验任务、实验所用仪器及仪表、实验电路、实验数据与波形、实验结果分析与讨论以及每个实验对实验报告的特殊要求等。此外，实验报告还必须附有实验数据与波形的原始记录。

限于作者水平和时间，书中不足之处在所难免，欢迎广大读者批评指正。

作　者
2013 年 4 月

目 录

第1篇 模拟电子技术基础实验

实验 1　常用电子元件的测量 ··· 1
实验 2　单相桥式整流和滤波电路 ··· 4
实验 3　单管低频放大器 ··· 7
实验 4　射极跟随器 ··· 11
实验 5　负反馈放大器 ··· 15
实验 6　RC 正弦波振荡器 ··· 20
实验 7　LC 正弦波振荡器 ··· 24
实验 8　差动放大器 ··· 27
实验 9　低频功率放大器——OTL 功率放大器 ·· 31
实验 10　低频功率放大器——集成功率放大器 ··· 35
实验 11　直流稳压电源——串联型晶体管稳压电源 ··· 39
实验 12　直流稳压电源——集成稳压器 ··· 43
实验 13　集成运算放大器指标测试 ··· 48
实验 14　集成运算放大器的基本应用——模拟运算电路 ································· 54
实验 15　集成运算放大器的基本应用——波形发生器 ····································· 59
实验 16　集成运算放大器的基本应用——有源滤波器 ····································· 63
实验 17　场效应管放大器 ··· 69
实验 18　晶闸管可控整流电路 ··· 73
实验 19　综合实验 ··· 77

第2篇 数字电子技术基础实验

实验 1　晶体管开关特性、限幅器与钳位器 ··· 81
实验 2　TTL 集成逻辑门的逻辑功能与参数测试 ··· 85
实验 3　TTL 集电极开路门与三态输出门的应用 ··· 90

实验 4　组合逻辑电路实验分析 ··· 95
实验 5　组合逻辑电路的设计与测试 ··· 100
实验 6　触发器及其应用 ··· 102
实验 7　计数器的应用 ··· 108
实验 8　译码器及其应用 ··· 114
实验 9　自激多谐振荡器 ··· 120
实验 10　单稳态触发器与施密特触发器 ··· 124
实验 11　D/A 与 A/D 转换器 ··· 130
实验 12　555 定时器及其应用 ··· 135
实验 13　电子秒表 ··· 141
实验 14　综合实验 ··· 145

附录 1　DZX-1 型电子综合实验台使用说明 ·· 150
附录 2　UTD2062C 数字存储示波器使用说明 ·· 155
附录 3　部分集成电路引脚排列 ··· 160

参考文献 ··· 168

第1篇 模拟电子技术基础实验

实验 1　常用电子元件的测量

一、实验目的

① 学会用万用表判别晶体二极管的极性和三极管的管脚。
② 学会用万用表判别晶体二极管和三极管的质量。
③ 学会从颜色上识别色环电阻的阻值及阻值的误差。

二、实验原理

1. 万用表测试二极管的原理

晶体二极管内部实质上是一个 PN 结。当外加正向电压，即 P 端电位高于 N 端电位，二极管导通，呈低电阻；当外加反向电压，即 N 端电位高于 P 端电位，二极管截止，呈高电阻。因此，可用万用表的电阻挡辨别二极管的极性和判别其质量的好坏。图 1.1.1 所示为万用表电阻挡的等效测试电路。由图可知，表外电路的电流方向从万用电表负端（-）流向正端（+），即万用电表处于电阻挡时，其（-）端为内电源的正极，（+）端为内电源的负极。R_0 是电阻挡表面刻度中心阻值。n 是电阻挡旋钮所指倍率。

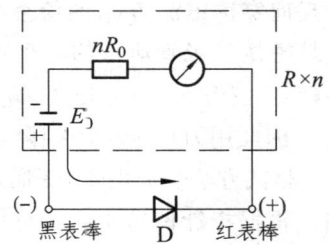

图 1.1.1　万用电表电阻挡等效测试电路

由等效电路图可计算出电阻挡在 n 倍率下输出的短路电流值。测试时，由指针偏转角占全量程刻度的百分比 θ（可通过指针所处直流电压刻度位置估算）估算流经被测元器件的电流值。可用下式计算：

$$I = \theta \frac{E_0}{nR_0} \qquad (1.1)$$

在测试小功率二极管时一般用 $R\times100\,\Omega$ 或 $R\times1\,\mathrm{k}\Omega$ 挡，以避免损坏管子。

2. 万用表测试三极管的原理

(1) 判别基极和管型

三极管内部有 2 个 PN 结，即集电结和发射结。图 1.1.2（a）所示为 NPN 型三极管。与二极管相似，三极管内的 PN 结同样具有单向导电特性，因此可用万用表电阻挡判别出基极 b 和管型。例如，测 NPN 型三极管，若用黑表棒接基极 b，用红表棒分别搭试集电极 c 和发射极 e，则测得阻值均较小；表棒位置对换后，测得电阻均较大。但在测试时电极和管型未知，因此对 3 个电极脚要调换测试，直到符合上述测量结果为止。然后，根据在公共端电极上表棒所代表的电源极性，可判断出基极 b 和管型，如图 1.1.2（b）所示。

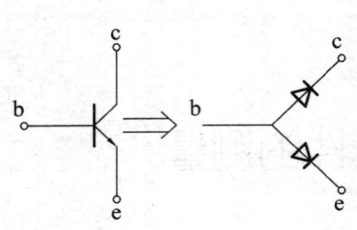
（a）NPN 型三极管内部 PN 结

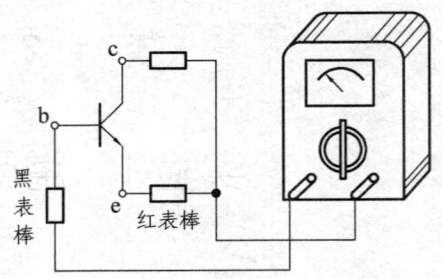
（b）判别三极管电极

图 1.1.2　用万用表判别三极管基极

(2) 判别集电极和发射极

这可根据三极管的电流放大作用进行判别。图 1.1.3 所示的线路，当未接上 R_b 时，无 I_B，则 $I_\mathrm{C}=I_\mathrm{CEO}$ 很小，测得 c，e 间电阻大；当接上 R_b 时，则有 I_B，而 $I_\mathrm{C}=\beta I_\mathrm{B}+I_\mathrm{CEO}$，因此，$I_\mathrm{C}$ 显然要增大，测得 c，e 间电阻比未接 R_b 时小。如果 c，e 调换，三极管成反向运用，则 β 小，无论 R_b 接与不接 c，e 间电阻均较大，因此可以判断出 c，e 极。例如，测的管型是 NPN 型，符合 β 大的情况下，则与黑表棒相接的是集电极 c。

(3) 反向穿透电流 I_CEO 的检查

I_CEO 是衡量三极管质量的一个重要指标，要求越小越好。按产品指标是在 U_CE 为某定值下测 I_CEO，因此用万用表电阻挡测试时，仅为一参考值。测试方法仍如图 1.1.3 所示，此时基极应开路，根据指针偏转角的百分比 θ，由式 (1.1) 可估算出 I_CEO 的大小。

(4) 共发射极直流电流放大系数 $\bar{\beta}(h_\mathrm{FE})$ 性能测试

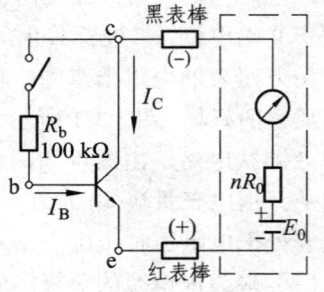

图 1.1.3　用万用表判别三极管 c，e 极

测试方法与判别 c，e 极方法相似。由三极管电流放大原理可知，在接 R_b 时测得阻值比未接 R_b 时小，即 θ 越大，表明三极管的电流放大系数越大。

在掌握上述测试方法后，即可判别二极管和三极管的 PN 结是否损坏，是开路还是短路。这是在实用中判断管子是否良好所经常采用的简便方法。

3. 从颜色上识别色环电阻的阻值及阻值的误差

用色环表示电阻的阻值和误差，电阻表面色环的不同颜色分别代表 0～9 十个数字，如下所示：黑—0，棕—1，红—2，橙—3，黄—4，绿—5，蓝—6，紫—7，灰—8，白—9。金色环表示误差为Ⅰ级，即±5%；银色环表示误差为Ⅱ级，即±10%；无色（即不标金、银环）表示误差为Ⅲ级，即±20%。

例如，如图 1.1.4 所示，第 1 环为红色，表示"2"；第 2 环为紫色，表示"7"；第 3 环代表 10 的 n 次方，为黄色，则表示 10^4；第 4 环为银色，表示Ⅱ级误差，为±10%；故该电阻阻值为 270 kΩ。

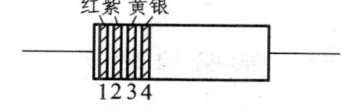

图 1.1.4　用色环表示的电阻

2.7 kΩ 应表示为：第 1 环用红色（2），第 2 环用紫色（7），第 3 环用红色（2）。掌握了以上这些规律就能很方便地识别色环电阻的阻值及误差了。

三、实验设备和器件

万用电表 1 只；2AP 型、2CP 型二极管各 1 只；硅、锗材料的 NPN 型和 PNP 型三极管各 1 只；不同阻值的色环电阻 3～5 只。

四、实验内容

（1）测试二极管的正、负极性和正反向电阻

用万用表电阻挡（$R×100\,Ω$ 或 $R×1\,kΩ$ 挡）判别二极管的正、负极，正、反向电阻值。

（2）判别三极管的管脚和管型（NPN 型和 PNP 型，硅材料或者锗材料）

① 用万用表电阻挡（$R×100\,Ω$ 或 $R×1\,kΩ$ 挡）先判别出基极 b 和管型。

② 判别集电极 c 和发射极 e，测定 I_{CEO} 和 $\bar{\beta}$ 的大小。

（3）识别色环电阻的阻值

从颜色上识别色环电阻的阻值，并用万用表电阻挡验证。

五、预习要求

① 预习 PN 结外加正、反向电压时的工作原理和三极管电流放大原理。
② 能否用双手将各表棒与管脚捏住进行测量？为什么？
③ 为何不能用 $R×1\,kΩ$ 或 $R×100\,Ω$ 挡测试小功率管？

六、思考题

① 能否用万用表测量大功率管？测量时用哪一挡较为合理？为什么？
② 为什么用万用表的不同电阻挡测二极管的正向（或反向）电阻值时，测得的阻值不同？

七、实验报告要求

整理所有实验数据。

实验2. 单相桥式整流和滤波电路

一、实验目的

① 掌握单相桥式整流电路的测试方法,分析电容滤波和 π 型 RC 滤波元件参数对输出直流电压和纹波电压的影响。
② 掌握桥式整流电容滤波电路的外特性的测定方法。
③ 观察整流和滤波电路中电流和输出电压的波形。

二、实验原理

1. 整流电路

整流是把交流电转变为直流电的过程,利用二极管的单向导电特性可实现这个过程。整流电路一般可分为半波、全波和桥式整流电路。

图 1.2.1 所示为桥式整流和滤波电路,其中 $D_1 \sim D_4$ 为 2CP22 或 2DP3C。

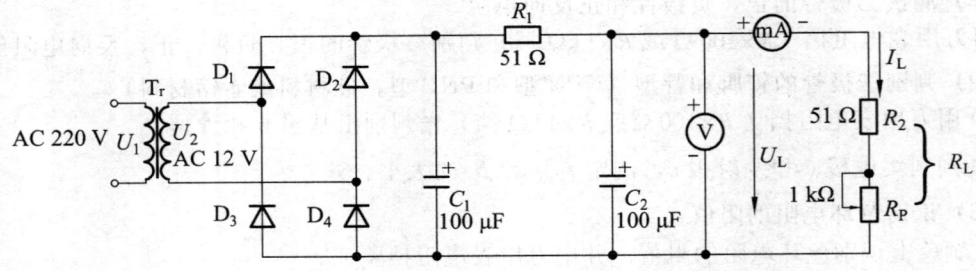

图 1.2.1 单相桥式整流滤波实验电路

对于单相桥式整流电路,输出直流平均电压为

$$U_L = \frac{2\sqrt{2}}{\pi} U_2 \approx 0.9 U_2$$

其中,U_2 为电源变压器的次级电压有效值。但实际上由于整流电路具有内阻,故 U_L 常小于上述表达式计算出的值。

2. 滤波电路

为了使整流后的电压波形平滑,减少其纹波成分,必须在整流电路后面加滤波电路。滤波电路形式很多,对于负载电流不太大的情况,常用电容滤波或 π 型 RC 滤波电路,如图 1.2.1 所示。

在整流电路内阻不太大和负载电阻 $R_L \geq 10 \frac{1}{\omega C}$ (ω 为电源角频率)的情况下,对于全波或桥式整流电容滤波电路,输出直流电压为

$$U_L \approx 1.2 U_2$$

R_L和C越大，表明放电时间常数$\tau = R_L C$越大，则U_L值越高，纹波成分越少。

对于π型RC滤波电路，输出直流电压为

$$U_L = U_{C_1} \frac{R_L}{R_1 + R_L}$$

U_{C_1}为滤波电容C_1上的直流电压。这种滤波电路具有更小的纹波电压。

为了比较各种滤波电路及元件参数对纹波电压的影响，可用示波器来观察其纹波波形的峰值大小。

3．外特性的研究

外特性是指输出直流电压U_L与输出负载电流I_L的函数关系。当负载越重，则放电时间常$\tau = R_L C$越小，使U_L下跌越快。

三、实验设备与器件

示波器；万用表；直流毫安表(0～100 mA～200 mA)；整流二极管(2CP22×4 或 2DP3C×4)，电阻、电容各2只。

四、实验内容

① 测量单相桥式整流电路的输出电压，观察输出波形。

按图1.2.1连接桥式整流电路，但不接R_1，C_1，C_2。接通电源后，调节负载电阻R_P，测量在不同负载电流I_L下的输出直流平均电压U_L，并记录于表1.2.1中，同时观察并记录当I_L=50 mA 时的输出电压波形。

② 测量单相桥式整流电容滤波和π型RC滤波电路的输出直流电压U_L，观察输出电压波形。

表1.2.1 整流及滤波电路实验数据

序号	I_L/mA	0	10	20	30	40	50	理论估算	I_L=50 mA
	测试电路			输出电压U_L/V					输出纹波电压波形
1	桥式整流								
2	桥式整流C_1滤波								
3	桥式整流C_1C_2滤波								
4	桥式整流π型RC滤波								

根据实验要求，将图1.2.1分别接成桥式整流电容滤波和π型RC滤波电路。接通电源后，按表1.2.1所列的负载电流I_L值调节R_P，测量与I_L相对应的输出电压U_L值，记录于表1.2.1中。当负载电流I_L为50 mA时，观察并记录在各种不同滤波电路下的输出端纹波电压波形。

③ 用方格坐标纸绘制各整流和滤波电路的外特性$U_L=f(I_L)$的函数曲线。

五、预习要求

① 复习桥式整流电路的工作原理。

② 复习电容滤波、π 型滤波电路工作原理，分析滤波电路中流经二极管的电流波形和输出电压波形的形成原理。

③ 分析上述实验步骤如何迅速而又准确地完成。估算本实验整流电路和各种滤波电路输出电压值，记于表 1.2.1 中。

六、思考题

① 从实验的数据和纹波电压波形分析，哪些滤波效果较好？为什么？

② 纹波电压大小与什么因素有关？

七、实验报告要求

① 整理实验数据。

② 绘制桥式整流电容滤波和桥式整流 π 型 RC 滤波电路的外特性。

③ 回答思考题。

实验 3 单管低频放大器

一、实验目的

① 掌握静态工作点的测量和调试方法。
② 掌握放大器的电压放大倍数测试方法。
③ 研究静态工作点对输出波形失真和电压放大倍数的影响。
④ 了解放大器的输入电阻和输出电阻的测试方法。

二、实验原理

图 1.3.1 所示放大电路为分压式偏置电路，其静态工作点由 U_B 决定，因此调节 R_P 可改变放大器的静态工作点。由此可计算出 I_C，U_{CE} 的静态参数：

$$I_C \approx I_E = \frac{U_B - U_{BE}}{R_e}$$

$$U_{CE} \approx U_{CC} - I_C(R_c + R_e)$$

$$I_B = \frac{I_C}{\beta}$$

$$U_{BE} = U_B - U_E = U_B - I_E R_e$$

如果静态工作点调得太高或者太低，当输入端加入正弦信号电压 u_i 时，则输出电压 u_o 将会产生饱和或截止失真。

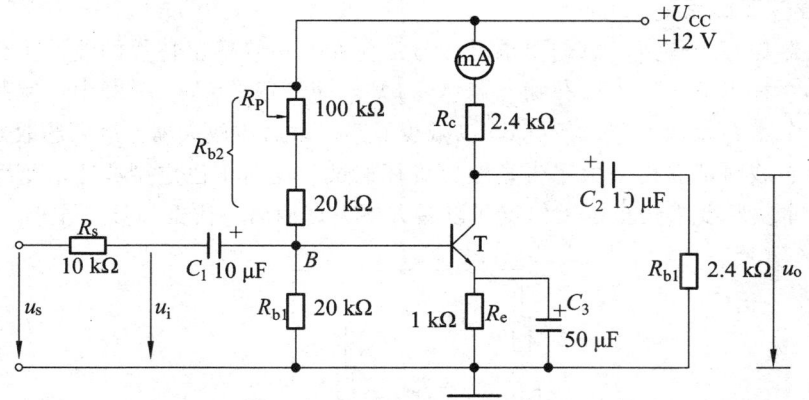

图 1.3.1 分压式偏置单管放大电路

测量电压放大倍数时，要求放大器输出为不失真的波形。根据图 1.3.2 所示放大器的微变等效电路，在不接负载 R_L 时的电压放大倍数为

$$A_u = \frac{u_o}{u_i} = -\beta \frac{R_c}{r_{be}}$$

$$r_{be} = 300 + (1+\beta)\frac{26\text{ mV}}{I_E}$$

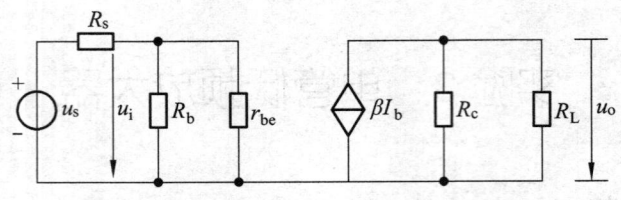

图 1.3.2 放大器微变等效电路

接上负载 R_L 时的电压放大倍数为

$$A_u = -\beta \frac{R_L'}{r_{be}}$$

其中

$$R_L' = \frac{R_c R_L}{R_c + R_L}$$

从 A_u 的表达式可看出，R_c 或 R_L 变化都会影响放大器的电压放大倍数；同时，A_u 表达式中有一负号，其意义是 u_o 与 u_i 始终反相。

三、实验设备与器件

+12 V 直流稳压电源；函数信号发生器；双踪示波器；交流毫伏表；直流电压表；直流毫安表；频率计；万用表；晶体三极管 3DG6×1（β=50～100）或 9011×1，电阻、电容若干。

四、实验内容

1. 调整静态工作点

选取放大器静态工作点，总的要求是信号工作在三极管输出特性的线性工作区，失真要小，噪声要低，耗电要少。因此对输入微伏（μV）和毫伏（mV）级的中、低频小信号的前置放大器，工作点 I_C 常取 0.1～0.5 mA，以减少噪声。对后级放大器，I_C 可选取 0.5～5 mA 或根据外接交流负载时能获得最大不失真输出进行调试。而对于已定型线路，则可根据已给定工作点调试。本实验要求按指定工作点和以最大不失真输出为依据调整工作点。

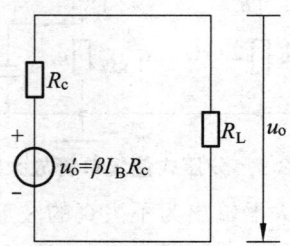

图 1.3.3 输出回路等效电路

调整工作点的步骤如下：

① 按 I_C = 2 mA 调整，调节 R_P，按表 1.3.1 的要求进行测试，并作记录。

表 1.3.1 静态工作点测试值

测试条件	测试值				计算值			
	U_C/V	U_B/V	U_E/V	I_B/mA	U_{CE}/V	U_{BE}/V	I_C/mA	$\bar{\beta}$
I_C=2 mA								

2. 测试电压放大倍数 A_u

要求输出端波形不失真,按表 1.3.2 所列测试条件进行测试。在输入端加频率为 1 kHz、u_i 为 10～15 mV 的正弦信号。

表 1.3.2 电压放大倍数测试

测试条件		测量数据		由测试值计算		理论计算
I_C	R_L	u_i/mV	u_o/V	$A_u = \dfrac{u_o}{u_i}$	r_{be}/Ω	
2 mA	∞					$\dot{A}_u = -\beta \dfrac{R_c}{r_{be}}$
2 mA	接入					$\dot{A}_u = -\beta \dfrac{R'_L}{r_{be}}$

3. 测量输入电阻 R_i

在输入端加频率为 1 kHz、u_s 为 100～150 mV 的的正弦信号,用示波器监视输出波形,要求不失真,测 u_s 和 u_i,并记于表 1.3.3 中。

表 1.3.3 输入电阻测试

测试条件	测试数据		由测试值计算	理论计算
I_C	u_s/mV	u_i/mV	$R_i = \dfrac{u_i}{u_s - u_i} R_s$	$R_i \approx r_{be}$
2 mA				

4. 测量输出电阻 R_o

在输入端加 1 kHz 的正弦信号,用示波器监视输出波形,要求不失真,分别测试不接入 R_L 和接入 R_L 时输出电压 u_o 和 u_L,并记于表 1.3.4 中。

表 1.3.4 输出电阻测试

测试条件	测试数据		由测试值计算	理论计算
R_L	u_o/V	u_L/V	$R_o = \left(\dfrac{u_o}{u_L} - 1\right) R_L$	$R_o \approx R_c$
2.4 kΩ				

5. 研究静态工作点与输出波形失真的关系

① 以最大不失真输出为依据,不接 R_L,使 u_i 为 1 kHz 正弦信号,调节 R_P,并同时改变 u_i 幅度,用示波器观察输出 u_o 波形,使 u_o 波形达到最大而不失真为止。按表 1.3.5 要求测量并

记录。

② u_i 为 1 kHz 正弦信号，调节 R_P 使之增大和减小，用示波器观察 u_o 波形是否出现截止失真和饱和失真。按表 1.3.5 要求测量并记录。

表 1.3.5　静态工作点与输出波形参数测试

测试条件	测试值			测试值		
最大不失真输出	u_i/mV	u_o/V	A_u	U_C/V	U_B/V	U_E/V
截止失真	U_{CE}	I_C	饱和失真		U_{CE}	I_C

五、预习要求

① 复习分压式偏置电路的工作原理及各元件的作用。
② 复习元件参数的变化对工作点和波形的影响。
③ 复习如何计算放大器的电压放大倍数、输入电阻及输出电阻。
④ 试估算在输出电压不失真情况下，该放大器的最大允许输入电压为多大。

六、思考题

① 外负载 R_L 对放大器输出的动态范围有何影响？
② 如果调节 u_s 大小，而 u_o 值为零，则电路有哪些故障？如何测试、判断故障点？
③ 为什么静态工作点不能用交流毫伏表测？在测试输入电阻 R_i 过程中，能否直接测 R_s 两端的电压？

七、实验报告要求

① 列出全部测量数据，与计算值比较。
② 讨论实验结果。
③ 回答思考题。
④ 研究如何提高放大器放大倍数。

实验 4 射极跟随器

一、实验目的

① 掌握射极跟随器工作点和跟随范围的调试方法。
② 掌握射极跟随器的电压放大倍数、输入电阻和输出电阻的测试方法。
③ 研究负载变化对放大器性能的影响。
④ 了解自举电路对提高输入阻抗的作用。

二、实验原理

射极跟随器对交流工作状态而言,集电极是输入、输出的公共端,故为共集电极组态。图 1.4.1 所示为射极跟随器电路。

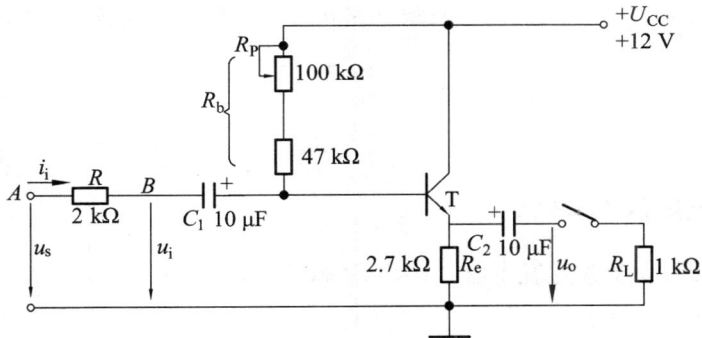

图 1.4.1 射极跟随器实验电路

(1) 静态工作点

$$I_B = \frac{U_{CC} - U_{BE}}{R_b + (1+\beta)R_e}$$

$$I_C = \beta I_B$$

$$U_{CE} = U_{CC} - I_E R_e$$

(2) 跟随范围

为了使射极跟随器的跟随范围尽可能大,除了静态工作点尽可能调至交流负载线的中点以外,还应使

$$I_C \approx I_e = (1.5 \sim 2) I_{om}$$

$$R_e = (1 \sim 2) R_L$$

$$U_{CC} = (3 \sim 4) U_{om}$$

其中,I_{om},U_{om} 是输出负载电流和电压的峰值。

(3) 电压放大倍数 A_u

$$A_u = \frac{u_o}{u_i} = \frac{(1+\beta)R'_L}{r_{be}+(1+\beta)R'_L}$$

其中，$R'_L = R_e // R_L$。输出信号与输入信号同相。

(4) 输入电阻 R_i

由图 1.4.2 可得

$$R_i = R_b //[r_{be}+(1+\beta)R'_L]$$

可见，输入电阻比较高。为了便于测试，可通过 R 测得，即

$$R_i = \frac{u_i}{i_i} = \frac{u_i}{(u_s - u_i)/R} = \frac{u_i}{u_s - u_i}R$$

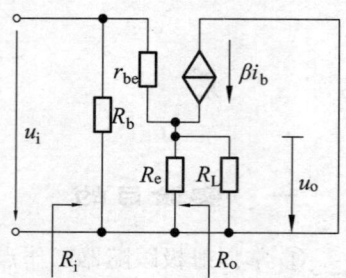

图 1.4.2　射极跟随器微变等效电路

(5) 输出电阻 R_o

在 R 短接的情况下，再考虑信号源内阻 R_s，则

$$R_o = \frac{u_o}{i_o} = R_e // \frac{r_{be}+R_b // R_s}{1+\beta}$$

其中，R_s 为函数信号发生器的内阻。可见射极输出器的输出阻抗较小。

实验时，输出电阻 R_o 可通过测试负载开路和接上负载 R_L 时的输出电压 u_o 和 u_L 来求取。计算公式为

$$R_o = \left(\frac{u_o}{u_L} - 1\right)R_L$$

三、实验设备与器件

+12V 直流电源；函数信号发生器；双踪示波器；交流毫伏表；直流电压表；频率计；3DG6×1（β=50～100），电阻、电容若干。

四、实验内容

1. 调试静态工作点

按图 1.4.1 连接实验电路，接通+12 V 电源，在 B 点输入 1 kHz 正弦信号 u_i，输出端用示波器观察，反复调整 R_P 及信号源的输出幅值，使输出波形为最大不失真波形，然后令 u_i=0，用直流电压表测量 U_B，U_E，U_C，U_{BE}，并记入表 1.4.1 中。

表 1.4.1　静态工作点参数

U_B/V	U_E/V	U_C/V	U_{BE}/V	$I_E = \left(\dfrac{U_E}{R_e}\right)$/mA

在下面整个测试过程中应保持 R_P 值不变。

2. 测量电压放大倍数 A_u

接入负载电阻 R_L=1 kΩ，在 B 点输入 1 kHz 正弦信号，调节输入信号幅值，用示波器观

察输出波形，在输出最大而不失真情况下，用交流毫伏表测 u_i，u_L 值，并记入表 1.4.2 中。

表 1.4.2　放大倍数测试

u_i/V	u_L/V	$A_u = \dfrac{u_L}{u_i}$

3. 测量输入电阻 R_i

在 A 点输入 1 kHz 正弦信号，用示波器观察输出波形，输出不失真时，用交流毫伏表测 A，B 点对地的电压 u_s，u_i，并记入表 1.4.3 中。

表 1.4.3　输入电阻测试

u_s	u_i/V	$R_i = \dfrac{u_i}{u_s - u_i} \cdot R / \mathrm{k\Omega}$

4. 测量输出电阻 R_o

接上 $R_L = 1\,\mathrm{k\Omega}$，在 B 点输入 1 kHz 正弦信号，用示波器观察输出波形，测空载输出电压 u_o，有负载时输出电压 u_L，保持输出波形不失真，将所测值记入表 1.4.4 中。

表 1.4.4　输出电阻测量

u_o/V	u_i/V	$R_o = \left(\dfrac{u_o}{u_i} - 1\right) R_L / \mathrm{k\Omega}$

5. 测试跟随特性

接入 $R_L = 1\,\mathrm{k\Omega}$，在 B 点输入 1 kHz 正弦信号，频率不变，用示波器监视输出波形，增大输入信号幅值，直至输出波形达到最大不失真，测量对应的 u_i 值（测 5～8 组数据），并记入表 1.4.5 中。

表 1.4.5　跟随特性测试

u_i/V	
u_L/V	

6. 测试频率响应特性

保持输入信号 u_i 幅值不变，改变输入信号频率，用示波器监视输出波形，用交流毫伏表测量表 1.4.6 中给定不同频率下的输出电压 u_L 值（测 10～15 组数据），并记入表 1.4.6 中。

表 1.4.6　频率响应测试

f/kHz	0.03	0.05	0.10	0.50	1.00	5.00	10.00	20.00	50.00	70.00	100.00
u_L/V											

五、预习要求

① 复习射极跟随器的工作原理及其特点。
② 根据图 1.4.1 的元件参数值估算静态工作点,并画出交、直流负载线。

六、思考题

① 分析负载开路和接不同负载对电压放大倍数有何影响。
② 分析输出电阻受哪些参数影响,为什么?

七、实验报告要求

① 整理实验数据,并画出曲线 $u_L=f(u_i)$ 及 $u_L=g(f)$ 曲线。
② 分析射极跟随器的性能和特点。

实验 5 负反馈放大器

一、实验目的

① 学会分析负反馈对放大器放大倍数的影响。
② 掌握负反馈放大器输入电阻和输出电阻的测量方法。
③ 了解负反馈对放大器通频带的影响。

二、实验原理

实验电路如图 1.5.1 所示。

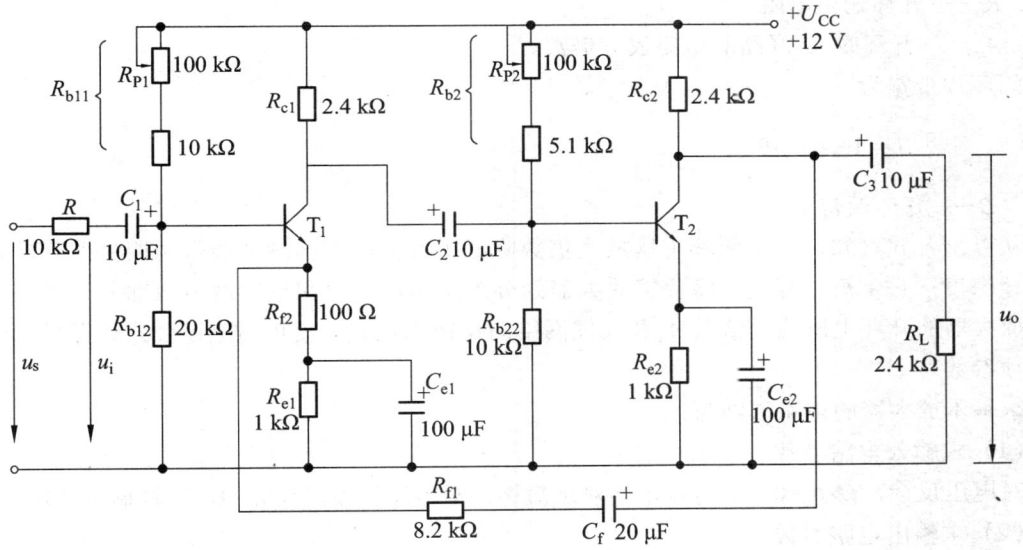

图 1.5.1 带有电压串联负反馈的实验电路

负反馈在电子电路中有着非常广泛的应用。虽然它使放大器的放大倍数降低,但能在多方面改善放大器的动态指标,如稳定放大倍数,改善输入、输出电阻,减小非线性失真和展宽通频带等。因此,几乎所有实用放大器都带有负反馈。

图 1.5.1 所示实验电路可用图 1.5.2 所示方框图表示。

从图 1.5.2 中可知,其开环电压放大倍数为

$$A_u = \frac{u_o}{u_i}$$

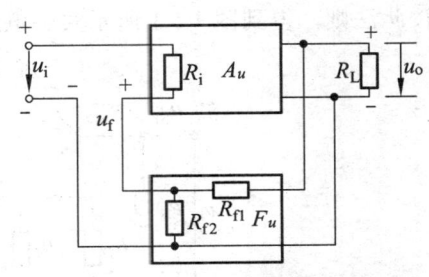

图 1.5.2 电压串联负反馈方框图

反馈系数为

$$F_u = \frac{u_f}{u_o}$$

由理论推导可知，其闭环电压放大倍数为

$$A_{uf} \doteq \frac{u_o}{u_i} = \frac{A_u}{1+A_u F_u}$$

闭环输入电阻为

$$R_{if} = (1+A_u F_u)R_i$$

闭环输出电阻为

$$R_{of} = \frac{R_o}{1+A_{uo}F_u}$$

式中　R_i——开环输入电阻；
　　　R_o——开环输出电阻；
　　　A_{uo}——开环时 R_L 开路的电压放大倍数。

闭环频带宽为

$$B_f = (1+A_u F_u)B$$

式中·B——开环频带宽。

从以上各式可知，尽管闭环电压放大倍数降低了，但放大器的性能得到明显改善，且均与反馈深度（$1+A_u F_u$）有关。将反馈放大器划分为基本放大器和反馈网络两部分，然后求出基本放大器的开环电压放大倍数 A_u 和反馈网络的反馈系数 F_u，就可用上述公式计算反馈放大器各项参数。

求基本放大器的电路法则为：

（1）求输入电路参数

对电压反馈，令 $u_o=0$，即将输出端对地短路；对电流反馈，令 $i_o=0$，即将输出回路开路。

（2）求输出电路参数

对并联反馈，令 $u_i=0$，即将输入端对地短路；对串联反馈，令 $i_i=0$，即将输入回路开路。这样得到的基本放大器不存在反馈，却考虑了反馈网络在输入、输出回路的负载作用。

按此法则，得到图 1.5.1 所示实验电路的基本放大器交流通路，如图 1.5.3 所示。

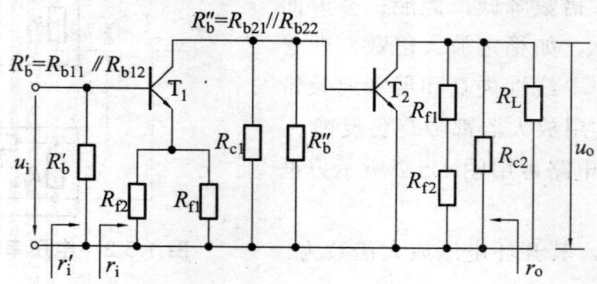

图 1.5.3　两级电压串联负反馈的基本放大器交流通路

图中

$$R'_b = R_{b11} // R_{b12}$$

$$R''_b = R_{b21} // R_{b22}$$

由交流通路可求得开环电压放大倍数 A_u、开环输入电阻 R_i、开环输出电阻 R_o 和开环频带宽度 B。

反馈系数应为

$$F_u = \frac{u_f}{u_o} = \frac{R_{f2}}{R_{f1} + R_{f2}}$$

由以上开环参数再按前面的公式可求得各项闭环参数。应注意的是，其中开环输入电阻 R_i 不包含基极偏置电阻 R'_b。因此闭环输入电阻有两种形式：

① 不包含偏置电阻时

$$R_{if} = R_i(1 + A_u F_u)$$

② 包含偏置电阻时

$$R'_{if} = R'_b // [R_i(1 + A_u F_u)] = R'_b // R_{if}$$

三、实验设备与器件

+12 V 直流电源；函数信号发生器；双踪示波器；频率计；交流毫伏表；直流电压表；晶体三极管 3DG6×2（β=50～100）或 9011×2，电阻、电容若干。

四、实验内容

1. 测试静态工作点

按图 1.5.1 连接实验电路，断开 R_f，C_f 支路，同时在 T_2 的 c 极与地之间接阻值为 $R_{f1}+R_{f2}$ 的电阻，以等效反馈支路在输出端的影响。再在 T_1 的 R_{f2} 上并联与 R_{f1} 等阻值的电阻，以等效反馈支路在输入端的影响。然后输入 u_i（频率为 1 kHz），用示波器观察 u_o 波形，调节 R_{P1} 和 R_{P2}，改变输入信号幅值，使 u_o 达到最大不失真波形；再令 u_i=0，用万用表测量 T_1，T_2 的静态工作点并记于表 1.5.1 中。

表 1.5.1　静态工作点测试值

管号	U_B/V	U_E/V	U_C/V	I_c/mA
T_1				
T_2				

2. 测量电压放大倍数和观察电压放大倍数的稳定性

（1）测开环放大倍数

在测静态工作点的基础上，在输入端加入 1 kHz 的输入信号 u_i，在接入与不接入 R_L 两种情况下，调节 u_i 幅值（<10 mV，注意 R_{P1} 和 R_{P2} 不应再调节）使输出为不失真波形时，用交流毫伏表测 u_i，u_o 的值，并记录于表 1.5.2 中。

（2）测闭环放大倍数

加入反馈网络 R_{f1} 和 C_f 支路，且去掉测开环放大倍数时在输入、输出回路的等效电阻，在输入端输入 1 kHz 的信号 u_i，在接入与不接入 R_L 两种情况下，调节输入信号 u_i 幅值（<100 mV，注意 R_{P1} 和 R_{P2} 不应再调节），使输出为不失真波形时，用交流毫伏表测 u_i，u_o 的值，并记录于表 1.5.2 中。

表 1.5.2　电压放大倍数测试值

测试条件		参　数　值			
		测试值		由测试值计算	
		u_i/mV	u_o/V	放大倍数	放大倍数的稳定性
开环	不接 R_L			$A'_u =$	$(A'_u - A_u)/A'_u =$
	接 R_L			$A_u =$	
闭环	不接 R_L			$A'_{uf} =$	$(A'_{uf} - A_{uf})/A'_{uf} =$
	接 R_L			$A_{uf} =$	

3. 测输入电阻

输入 u_s，分别测开环和闭环两种情况下的 u_s 和 u_i 值，并记录于表 1.5.3 中。

表 1.5.3　输入电阻测试值

测试条件		参　数　值			
		测试值		由测试值计算	
		u_s/mV	u_i/mV	$i_i = (u_s - u_i)/R$	输入电阻
接 R_L	开环				$R'_i =$
	闭环				$R'_{if} =$

表中 R'_i（或 R'_{if}）为

$$R'_i \text{（或 } R'_{if}\text{）} = \frac{u_i}{(u_s - u_i)/R} = \frac{u_i}{i_i}$$

4. 测试输出电阻

输入 u_i，且在开环与闭环两种情况下改变 u_i 幅值，在输出波形不失真时，维持 u_i 幅值不变，分别测试有 R_L 时的 u_L 和无 R_L 时的 u_o，并记录于表 1.5.4 中。

表 1.5.4　输出电阻测试值

测试条件	参　数　值		
	测试值		由测试值计算
	u_o/V	u_L/V	
开环			$\left(\dfrac{u_o}{u_L} - 1\right) R_L = R_o$（或 R_{of}）
闭环			

5. 观察负反馈对放大器频率响应的影响

在放大器处于开环或闭环两种情况下,保持输入信号幅值不变,按表 1.5.5 改变输入信号频率,用示波器监视输出电压波形,要求不失真,用交流毫伏表测量各对应频率下的输出电压,并记录于表 1.5.5 中。

表 1.5.5　频率响应测试

测试条件		频率 f/kHz									
		0.04	0.06	0.08	0.10	0.50	1.00	10.00	20.00	30.00	50.00	100.00
开环 $u_i=$	u_o/V											
闭环 $u_i=$												

根据表 1.5.5 中测试值在单对数坐标纸上绘出开环和闭环频率响应曲线,分别找出其电压下降到中频区电压值的 70%处的下限和上限频率值 f_{OL}、f_{OH} 及 f_{fL}、f_{fH} 各为多少。

五、预习要求

① 复习负反馈改善放大器性能的原理。
② 了解开环和闭环放大器的各种性能参数的测试方法和要求。

六、思考题

① 试分析实验中测得的各项开环与闭环参数是否符合反馈深度($1+A_uF_u$)的关系。
② 本实验电路是否可改接成电压并联、电流串联、电流并联等负反馈电路?如何变动元件改接之?

七、实验报告要求

整理所有实验数据。

实验 6　RC 正弦波振荡器

一、实验目的

① 掌握 RC 振荡器的调试方法。
② 掌握 RC 振荡器的起振条件和振荡频率的测试方法。
③ 研究 RC 串并联选频网络的频率特性。

二、实验原理

实验电路如图 1.6.1 所示。

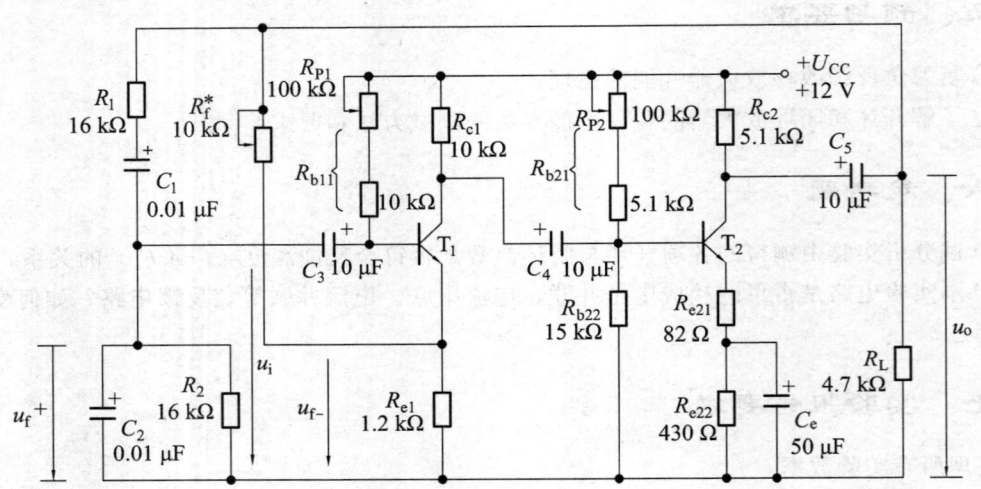

图 1.6.1　RC 串并联选频网络振荡器

振荡器由 RC 串并联正反馈选频网络和具有电压串联负反馈的两极共射放大器组成。实验电路中 R_1，R_2 和 C_1，C_2 为正反馈选频网络，其电压反馈系数为

$$F_+ = \frac{1}{3 + j\left(\dfrac{\omega}{\omega_0} - \dfrac{\omega_0}{\omega}\right)}$$

其中，$\omega_0 = \dfrac{1}{R_1 C_1}$（或 $\dfrac{1}{R_2 C_2}$）；ω 是 RC 选频网络输入信号的角频率。当 $\omega = \omega_0$ 时，$F_+ = \dfrac{1}{3}$，正反馈系数最大，相移 $\varphi_{F+} = 0°$。

R_f 和 R_{e1} 构成负反馈电路，其反馈系数 $F_- = \dfrac{R_{e1}}{R_f + R_{e1}}$。它和两级放大器组成负反馈放大器，其放大倍数为 A_{uf}。

电路的起振和稳幅振荡条件必须是 $F_+A_{uf} \geq 1$，即 $F_+\left(\dfrac{A_u}{1+A_uF_-}\right) \geq 1$，$A_u$ 为开环电压放大倍数。要维持振荡，其幅值平衡条件为 $A_uF_+=1$ 或 $A_u(F_+-F_-)=1$，相位平衡条件为 $\varphi_A + \varphi_F = 2n\pi$，其中 φ_A 和 φ_F 分别为放大器和反馈网络的相移。由于两级共射放大器相移 $\varphi_A = 2n\pi$，因此可知振荡频率为 $f_0 = \dfrac{\omega_0}{2\pi} = \dfrac{1}{2\pi R_1 C_1}\left(\text{或}\ \dfrac{1}{2\pi R_2 C_2}\right)$。

为了使电路处于稳幅振荡，要求振荡器保持 $A_uF_+=1$ 的条件，然而由于电源波动、晶体管老化等因素，振荡器不满足此条件，以致幅值变化乃至停振。故在负反馈支路内串接具有负温度系数的热敏电阻 R_t（实验电路中未串此电阻），当输出幅值增加时，流过 R_t' 上的电流也增加，温度升高，阻值减小，F_- 随之增大，使输出幅值减小，达到自动稳定输出幅值的目的。反之亦然。

调节 R_f 可改变 F_- 的大小，也就调节了 A_{uf} 的值，而正反馈系数在振荡条件下为 $F_+ = \dfrac{1}{3}$，因此，当 $A_{uf} > 3$ 时，则易起振，但易引起波形失真，故起振后，再调 R_f 使 $F_+A_{uf}=1$，达到稳幅振荡。若 $F_- > F_+$，则破坏了振荡条件而使电路停振。

三、实验设备与器件

+12 V 直流电源；函数信号发生器；双踪示波器；频率计；直流电压表；3DG6×2 或 9013×2，电阻、电容、电位器若干。

四、实验内容

1. 调整静态工作点

断开 R_1，R_2，C_1，C_2，同时将 R_f 调到最大，接通电源，输入 1 kHz 的正弦信号 u_i，用示波器观察输出电压波形。调节 R_{b11}，R_{b12} 和输入信号幅值，使输出达到最大不失真波形。此时静态工作点就调好了。

2. 频率测试

接通 R_1，R_2，C_1，C_2，用示波器观察输出波形，然后调节 R_f，使输出波形为不失真的正弦波，测量此时的 u_o。用"时标法"或"李沙育图形法"测振荡频率。

所谓"时标法"，就是利用示波器的时标测量信号周期的方法。只要测得周期 T，则信号电压的频率 $f = \dfrac{1}{T}$。

比较两个电压相位和频率的方法称为"李沙育图形法"，即将振荡器输出的信号电压，加到示波器的 Y 轴输入端，将函数信号发生器输出的信号电压，加到示波器的 X 轴输入端，可在示波器上观察"李沙育图形"来测出振荡器输出信号电压的频率。

改变电容的容量，R 不变，重复上述过程，用频率计测试频率，并记录于表 1.6.1 中。

3. 测试电压放大倍数 A_{uf}、负反馈系数 F_- 和正反馈系数 F_+

（1）测电压放大倍数和负反馈系数

在上述频率测试基础上，维持 R_f 不变，断开 R_1，R_2，C_1，C_2，输入与振荡频率相同的 u_i

信号，用示波器观察输出波形，调节输入信号幅值，使输出电压 u_o 与振荡时相同，用交流毫伏表测 u_i，u_o 和 u_{f-}，并记录于表 1.6.2 中。

表 1.6.1 频率测试值

测试条件	参 数 值			误差：$\dfrac{f_0' - f_0}{f_0'} \times 100\%$
	f_0 测试值	输出电压 u_o	频率计算值 f_0'	
$R_1, R_2 = 16\ \text{k}\Omega$				
$C_1, C_2 = 0.01\ \mu\text{F}$				
$C_1, C_2 = 0.02\ \mu\text{F}$				

（2）测正反馈系数

接上 R_1，R_2 和 C_1，C_2，然后将与振荡时的频率和输出电压值相同的信号（取自函数信号发生器）加于 RC 串并联选频网络的两端（为了消除影响，应将 C_5，R_{C_2}，T_2 断开），测量 RC 并联端输出电压 u_{f+}，将上述测试值记录于表 1.6.2 中，并分析是否与振荡条件相符。

表 1.6.2 电压放大倍数及反馈系数测试

测 试 值				由测试值计算		
u_i	u_o	u_{f-}	u_{f+}	A_{uf}	F_+	F_-

4. 定性观察 RC 串并联选频网络的频率特性

在测正反馈系数的基础上，用函数信号发生器输出 3 V 信号电压，加于 RC 串并联选频网络两端，用交流毫伏表测试 u_{f+} 值，并用双踪示波器观察 u_{f+} 与信号源的相位差 φ_{f+}。若不断改变信号源频率，则 u_{f+} 的幅值和相位差 φ_{f+} 将随频率变化。当信号源达到某一频率时，其 u_{f+} 最大，且 $\varphi_{f+} = 0$，此时信号源频率 $f = f_0 = \dfrac{1}{2\pi RC}$。根据变化频率测得的 u_{f+} 和 φ_{f+}，画出曲线。

五、预习要求

① 复习 RC 串并联选频网络振荡器的工作原理及频率特性。
② 复习如何用"李沙育图形法"测量频率。

六、思考题

① 为什么振荡器的实际振荡频率与理论计算值之间存在一定误差？要减小此误差应采取哪些措施？
② 若将直流电源电压稍作变化（±1 V），其振荡输出幅值是否会发生变化？原因何在？若直流电源电压降至+6 V，振荡器能否工作？为什么？改变工作点是否影响振荡器正常工作？

七、实验报告要求

① 整理各项实验数据。
② 分析各项实验数据与理论计算数据之间的误差。
③ 绘出 RC 串并联选频网络的频率特性曲线。

实验 7 LC 正弦波振荡器

一、实验目的

① 掌握变压器反馈式 LC 正弦波振荡器的调整和测试方法。
② 研究电路参数对 LC 振荡器起振条件及输出波形的影响。

二、实验原理

LC 正弦波振荡器是用 L,C 元件组成选频网络的振荡器,一般用来产生 1 MHz 以上的高频正弦信号。根据 LC 调谐回路的不同连接方式,LC 正弦波振荡器又可分为变压器反馈式(或称互感耦合式),电感三点式和电容三点式 3 种。图 1.7.1 所示为变压器反馈式 LC 正弦波振荡器的实验电路。其中晶体三极管 T_1 组成共射放大电路,变压器 Tr 的原绕组 L_1(振荡线圈)与电容 C 组成调谐回路,它既作为放大器的负载,又起选频作用,副绕组 L_2 为反馈线圈,L_3 为输出线圈。

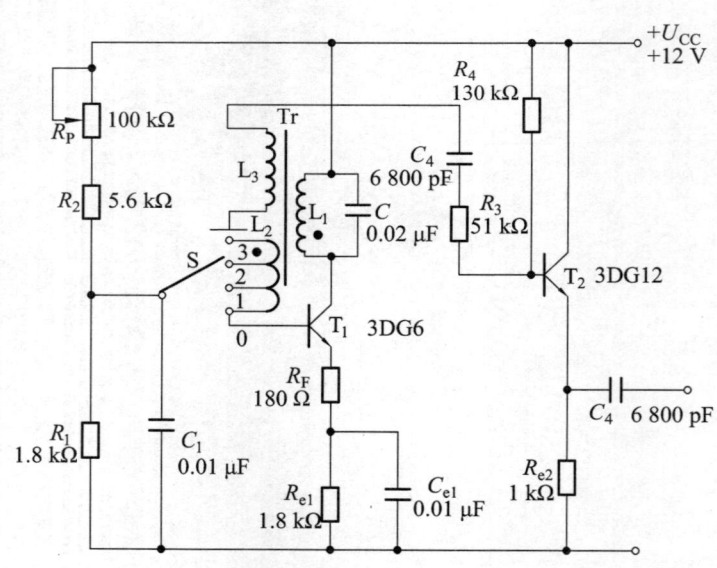

图 1.7.1 LC 正弦波振荡实验电路

该电路是靠变压器原、副绕组同名端的正确连接(见图 1.7.1),来满足自激振荡的相位条件,即满足正反馈条件。在实际调试中,可以通过把振荡线圈 L_1 或反馈线圈 L_2 的首、末端对调,来改变反馈极性。而振幅条件的满足,一是靠合理选择电路参数,使放大器建立合适的静态工作点,其次是改变线圈 L_2 的匝数,或它与 L_1 之间的耦合程度,以得到足够强的反馈量。稳幅是利用晶体管的非线性来实现的。由于 LC 并联谐振回路具有良好的选频作用,因此输出电压波形一般失真不大。

振荡器的振荡频率由谐振回路的电感和电容决定,即

$$f_0 = \frac{1}{2\pi\sqrt{LC}}$$

式中,L 为并联谐振回路的等效电感(即考虑其他绕组的影响)。

振荡器的输出端增加一级射极跟随器,用以提高电路的带负载能力。

三、实验设备与器件

+12 V 直流电源;双踪示波器;交流毫伏表;直流电压表;频率计;振荡线圈;晶体三极管 3DG6×1(9011×1),3DG12×1(9013×1),电阻、电容若干。

四、实验内容

按图 1.7.1 连接实验电路。电位器 R_P 置于最大位置,振荡器输出端接示波器。

1. 调整静态工作点

① 接通+12 V 电源,调节电位器 R_P,使输出端得到不失真的正弦波信号,如不起振,可改变 L_2 的首、末端位置,使之起振。测量 T_1,T_2 两管的静态工作点及正弦波的有效值 u_o,记录于表 1.7.1 中。

② 调小 R_P,观察波形的变化,测量有关数据,记录于表 1.7.1 中。

③ 调大 R_P,使振荡波形刚刚消失,测量有关数据,记录于表 1.7.1 中。

表 1.7.1　振荡器的参数测量值

测试条件	管号	U_B/V	U_E/V	I_C/mA	u_o/V	u_o 波形
R_P 居中	T_1					
	T_2					
R_P 调小	T_1					
	T_2					
R_P 调大	T_1					
	T_2					

根据以上 3 组数据,分析静态工作点对电路起振、输出波形幅值和失真的影响。

2. 观察反馈量大小对输出波形的影响

将反馈线圈 L_2 先后置于位置"0"(无反馈)、"1"(反馈量不足)、"2"(反馈量合适)、"3"(反馈量过强),测量相应的输出电压波形,记录于表 1.7.2 中。

表 1.7.2　反馈量测试值

L_2 位置	"0"	"1"	"2"	"3"
u_o 波形				

3. 验证相位条件

改变线圈 L_2 的首、末端位置，观察停振现象；恢复 L_2 的正反馈接法，改变 L_1 的首、末端位置，观察停振现象。

4. 测量振荡频率

调节 R_p 使电路正常起振，同时用示波器和频率计测量以下 2 种情况下的振荡频率 f_0，记录于表 1.7.3 中。

谐振回路电容：① $C=1\,000$ pF；② $C=100$ pF。

表 1.7.3　频率测量值

C/pF	1 000	100
f/kHz		

5. 观察谐振回路 Q 值对电路工作的影响

谐振回路两端并入 $R=5.1$ kΩ 的电阻，观察 R 并入前后振荡器波形的变化情况。

五、预习要求

① 复习有关 LC 振荡器的内容。

② LC 振荡器是怎样进行稳幅的？在不影响起振的条件下，晶体管的集电极电流是大一些好还是小一些好？

六、实验报告要求

① 整理实验数据，并分析讨论：
- LC 正弦波振荡器的相位条件和幅值条件；
- 电路参数对 LC 振荡器起振条件及输出波形的影响。

② 讨论实验中发现的问题及解决办法。

实验 8 差动放大器

一、实验目的

① 掌握差动式放大器零点的调整方法和工作点的测试方法。
② 掌握差动式放大器的差模放大倍数和共模抑制比的测量方法。
③ 了解差动式放大器的差模信号传输特性。
④ 观察和了解差动式放大器对零点漂移的抑制能力。

二、实验原理

从图 1.8.1 可知差动式放大器的电路结构和电路参数是对称的。在电路中 T_1，T_2 采用差分对管，因此静态时，两管电流 $I_{c1}=I_{c2}$，则 $U_o=0$。实际上电路参数不完全对称，存在一定的差异，所以 U_o 不为零，必须通过调节 R_P 使两管静态电路相等，达到 $U_o=0$。

在图 1.8.1 中，当开关 S 拨向左边时，构成典型的差动放大器。调零电位器 R_P 用来调节 T_1，T_2 管的静态工作点，使得 $u_i=0$ 时，双端输出电压 $U_o=0$。R_e 为两管共用的发射极电阻，它对差模信号无负反馈作用，因而不影响差模电压放大倍数，但对共模信号有较强的负反馈作用，故可有效地抑制零漂、稳定静态工作点。

当开关 S 拨向右边时，构成具有恒流源的差动放大器。它用晶体管恒流源代替发射极电阻 R_e，可以进一步提高差动放大器抑制共模信号的能力。

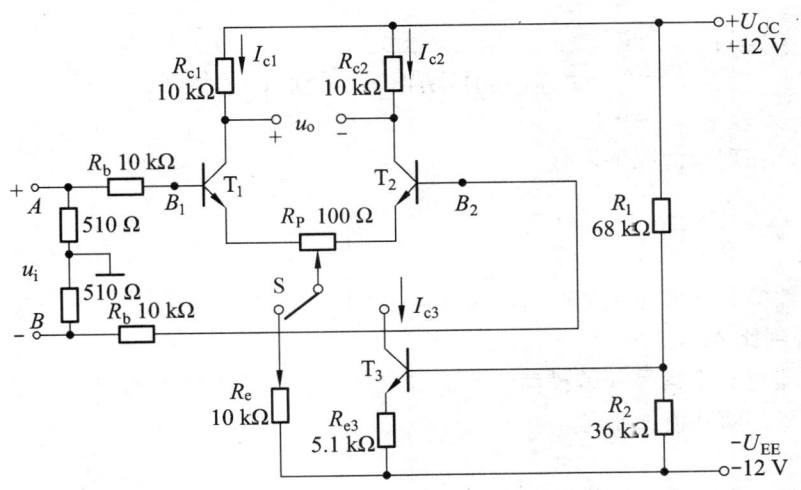

图 1.8.1 差动式放大器实验电路

1. 静态工作点的估算

典型电路：

$$I_E \approx \frac{|U_{EE}| - U_{BE}}{R_e} \quad (\text{认为 } U_{B1} = U_{B2} \approx 0)$$

$$I_{c1} = I_{c2} \approx \frac{1}{2} I_E$$

恒流源电路：

$$I_{C3} \approx I_{E3} = \frac{\frac{R_2}{R_1 + R_2}(U_{CC} + |U_{EE}|) - U_{BE}}{R_{e3}}$$

$$I_{c1} = I_{c2} \approx \frac{1}{2} I_{c3}$$

2. 差模电压放大倍数和共模电压放大倍数

当差动放大器的射极电阻 R_e 足够大，或采用恒流电源电路时，差模电压放大倍数 A_{ud} 由输出端方式决定，而与输入方式无关。

双端输出时，$R_e = \infty$，R_P 在中心位，则有

$$A_{ud} = \frac{\Delta u_o}{\Delta u_i} = -\frac{\beta R_c}{R_b + r_{be} + \frac{1}{2}(1+\beta)R_P}$$

单端输出时，有

$$A_{ud1} = \frac{\Delta u_{c1}}{\Delta u_i} = \frac{1}{2} A_{ud}$$

$$A_{ud2} = \frac{\Delta u_{c2}}{\Delta u_i} = -\frac{1}{2} A_{ud}$$

当输入共模信号时，若为单端输出，则有

$$A_{uc1} = A_{uc2} = \frac{\Delta u_{c1}}{\Delta u_i} = \frac{-\beta R_c}{R_b + r_{be} + (1+\beta)\left(\frac{1}{2}R_P + 2R_e\right)} \approx -\frac{R_c}{2R_e}$$

若为双端输出，在理想情况下，有

$$A_{uc} = \frac{\Delta u_o}{\Delta u_i} = 0$$

实际上由于元件参数不可能完全对称，因此 A_{uc} 也不会绝对等于零。

3. 共模抑制比 K_{CMR}

差动放大器对有用信号（差模信号）的放大作用和对共模信号的抑制能力，通常用一个综合指标来衡量，即共模抑制比。

$$K_{CMR} = \left|\frac{A_{ud}}{A_{uc}}\right| \quad \text{或} \quad K_{CMR} = 20\lg\left|\frac{A_{ud}}{A_{uc}}\right| \quad (\text{dB})$$

差动放大器的输入信号可采用直流信号也可用交流信号。本实验由函数信号发生器提供频率 $f=1$ kHz 的正弦信号作为输入信号。

三、实验设备与器件

±12 V 直流电源；函数信号发生器；双踪示波器；交流毫伏表；直流电压表；晶体三极管 3DG6×3（或 9011×3），要求 T_1、T_2 管特性参数一致，电阻、电容若干。

四、实验内容

1. 典型差动放大器性能测试

按图 1.8.1 连接实验电路，开关 S 拨向左边，构成典型差动放大器。

（1）测量静态工作点

① 调节放大器零点。

不接入信号源，将放大器输入端 A、B 与地短接，接通±12 V 直流电源，用直流电压表测量输出电压 U_o，调节调零电位器 R_P，使 $U_o=0$。调节要仔细，力求准确。

② 测量静态工作点。

零点调好以后，用直流电压表测量 T_1、T_2 管各极电位及射极电阻 R_e 两端电压 U_{R_e}，记录于表 1.8.1 中。

表 1.8.1　静态工作点测试值

测量值	U_{C1}/V	U_{B1}/V	U_{E1}/V	U_{C2}/V	U_{B2}/V	U_{E2}/V	U_{R_e}/V

计算值	I_C/mA		I_B/mA		I_{CE}/V		

（2）测量差模电压放大倍数

断开直流电源，将信号发生器的输出正端接在放大器的输入 A 端，信号发生器的输出负端接放大器的输入 B 端，构成单端输入方式。调节输入正弦信号频率 $f=1$ kHz，输出旋钮旋至零，用示波器监视输出端（集电极 C_1 或 C_2 与地之间）。

接通±12 V 直流电源，逐渐增大输入电压 u_i（约 100 mV），在输出波形无失真的情况下，用交流毫伏表测 u_i、u_{c1}、u_{c2}，记录于表 1.8.2 中，并观察 u_i、u_{c1}、u_{c2} 之间的相位关系及 U_{R_e} 随 u_i 改变而变化的情况。

表 1.8.2　差模、共模放大倍数测试值

测量项	典型差动放大电路		有恒流源的差动放大电路	
	单端输入	共模输入	单端输入	共模输入
u_i	100 mV	1 V	100 mV	1 V
u_{c1}/V				
u_{c2}/V				
$A_{ud1} = \dfrac{u_{c1}}{u_i}$		—		—

续表 1.8.2

	典型差动放大电路		有恒流源的差动放大电路	
	单端输入	共模输入	单端输入	共模输入
$A_{ud}=\dfrac{u_o}{u_i}$		—		—
$A_{uc1}=\dfrac{u_{c1}}{u_i}$	—		—	
$A_{uc}=\dfrac{u_o}{u_i}$				
$K_{CMR}=\left|\dfrac{A_{ud1}}{A_{uc1}}\right|$				

(3) 测量共模电压放大倍数

将放大器 A,B 短接，信号源接 A 端与地之间，构成共模输入方式，调节输入信号 $f=1$ kHz，$u_i=1$ V，在输出电压无失真的情况下，测量 U_{c1}，U_{c2} 的值，记入表 1.8.2 中，并观察 U_i，U_{c1}，U_{c2} 之间的相位关系及 U_{R_e} 随 U_i 变化而改变的情况。

2. 具有恒流的差动放大电路性能测试

将 S 拨向右边，构成具有恒流源的差动放大电路。重复上文步骤（1）、（2）、（3），并将测试数据记入表 1.8.2 中。

五、预习要求

① 复习差动放大器的工作原理及特点。
② 根据电路参数估算静态工作点、双端输出差模放大倍数、单端输出共模放大倍数及共模抑制比。

六、思考题

① 从传输特性分析，线性区的范围受哪些参数的影响？为什么？
② 如何来提高差模电压放大倍数？
③ 哪种差动放大电路的共模抑制比较高？为什么？各种电路有哪些优缺点？对电路的各方面的性能指标有何影响？结合理论探讨。

七、实验报告要求

① 整理实验数据，列表比较实验结果和理论估算值，分析误差原因。
② 画出传输特性曲线，并讨论。
③ 回答思考题。

实验 9　低频功率放大器——OTL 功率放大器

一、实验目的

① 掌握 OTL 功率放大器的工作原理。
② 掌握 OTL 电路的调试方法及主要性能指标的测试方法。

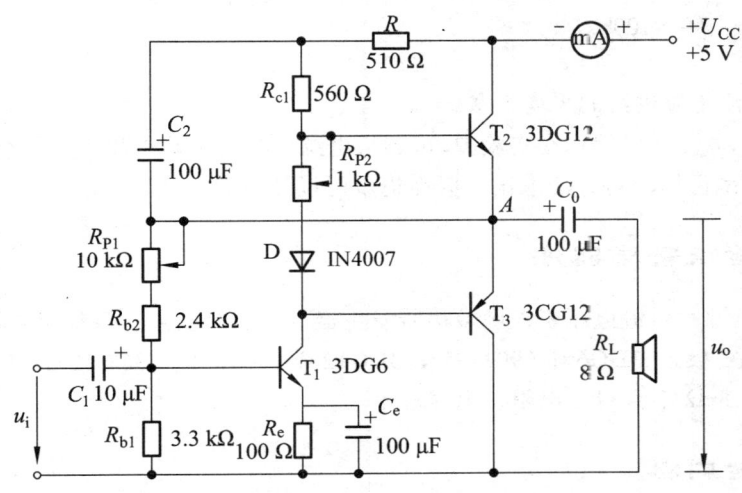

图 1.9.1　OTL 功率放大器实验电路

二、实验原理

图 1.9.1 所示为 OTL 低频功率放大器。其中由晶体三极管 T_1 组成推动级（也称前置放大级）；T_2，T_3 是一对参数对称的 NPN 和 PNP 型晶体三极管，它们组成互补推挽 OTL 功率放大电路。由于每个管子都接成射极输出器形式，因此具有输出电阻低、带负载能力强等优点，适合作为功率输出级。T_1 管工作于甲类状态，它的集电极电流 I_{C1} 由电位器 R_{P1} 进行调节。I_{C1} 的一部分流经电位器 R_{P2} 及二极管 D，给 T_2，T_3 提供偏压。调节 R_{P2}，可以使 T_2，T_3 得到合适的静态电流而工作于甲、乙类状态，以克服交越失真。静态时要求输出端中点 A 的电位 $U_A = \frac{1}{2}U_{CC}$，可以通过调节 R_{P1} 来实现，又由于 R_{P1} 的一端接在 A 点，因此在电路中引入交、直流电压并联负反馈，既能够稳定放大器的静态工作点，又能够改变非线性失真。

当输入正弦交流信号 u_i 时，经 T_1 放大，倒相后同时作用于 T_2，T_3 的基极，u_i 的负半周使 T_2 管导通（T_3 管截止），有电流通过负载 R_L，同时向电容 C_0 充电；在 u_i 的正半周，T_3 导通（T_2 截止），则已充好电的电容器 C_0 起着电源的作用，通过负载 R_L 放电，这样在 R_L 上就得到完整的正弦波。

C_2 和 R 构成自举电路,用于提高输出电压正半周的幅度,以得到大的动态范围。
OTL 电路的主要性能指标包括:
(1) 最大不失真输出功率 P_{omax}
理想情况下:

$$P_{omax} = \frac{U_{CC}^2}{8R_L}$$

在实验中,可通过测量 R_L 两端的电压有效值,来求得实际的 $P_{omax} = \frac{U_o^2}{R_L}$。

(2) 效率

$$\eta = \frac{P_{omax}}{P_E} \times 100\%$$

式中　P_E——直流电源供给的平均效率。

理想情况下,$\eta_{max} = 78.5\%$。在实验中,可测量电源供给的平均电流 I_{dc},从而求得 $P_E = U_{CC}I_{dc}$。负载上的交流功率已用上述方法求出,因而也就可以计算实际效率了。

三、实验设备与器件

+5 V 直流电源;直流电压表;函数信号发生器;直流毫安表;双踪示波器;频率计;交流毫伏表;晶体三极管 3DG6×1(9011×1),3DG12×1(9013×1),3CG12×1(9012×1),晶体二极管 IN4007×1,8 Ω 喇叭×1,电阻、电容若干。

四、实验内容

1. 静态工作点的测试

按图 1.9.1 连接实验电路,电位器 R_{P2} 置于最小值位置,R_{P1} 置于中间位置。接通+5 V 电源,观察毫安表指示,同时用手触摸输出级管子,若电流过大,或管子温升显著,应立即断开电源检查原因(如 R_{P2} 开路、电路自激或输出管性能不好等)。如无异常现象,可开始调试。

① 调节输出端中点电位 U_A:调节电位器 R_{P1},用直流电压表测量 A 点电位,使 $U_A = \frac{1}{2}U_{CC}$。

② 调输出级静态电流及测试各级静态工作点:调节 R_{P2},使 T_2,T_3 管的 $I_{C2} = I_{C3} = 5 \sim 10$ mA。从减小交越失真角度而言,应适当加大输出级静态电流,但该电流过大,会使效率降低,所以一般以 $5 \sim 10$ mA 为宜。由于毫安表是串联在电源进线中,因此测得的是整个放大器的电流。但一般 T_1 的集电极电流 I_{C1} 较小,从而可以把测得的总电流近似当作末级的静态电流。如要准确得到末级静态电流,则可以从总电流中减去 I_{C1} 的值。

调整输出级静态电流的另一方法是动态调试法。先使 $R_{P2}=0$,在输入端接入 $f=1$ kHz 的正弦信号 u_i。逐渐加大输入信号的幅值,此时输出波形应出现较严重的交越失真(注意,没有饱和截止失真),然后缓慢增大 R_{P2},当交越失真刚好消失时,停止调节 R_{P2},恢复 $u_i=0$,此时直流毫安表读数即为输出级静态电流。其一般数值也应为 $5 \sim 10$ mA,如过大,则要检查电路。

输出级电流调好后,测量各级静态工作点,记录入表 1.9.1 中。

表 1.9.1 静态工作点测试值

测量项	T_1	T_2	T_3
U_C/V			
U_B/V			
U_E/V			

注意事项：

① 在调整 R_{P2} 时，一是要注意旋转方向，不要调得过大，更不能开路，以免损坏输出管。

② 输出管静态电流调好后，如无特殊情况，不得随意调整 R_{P2} 的位置。

2. 最大输出功率 P_{omax} 和效率 η 的测试

① 测量 P_{omax}：输入端接 $f=1\ kHz$ 的正弦信号 u_i，输出端用示波器观察输出电压 u_o 波形。逐渐增大 u_i，使输出电压达到最大不失真输出，用交流毫伏表测出负载 R_L 上的电压 U_{omax}，则

$$P_{omax} = \frac{U_{omax}^2}{R_L}$$

② 测量 η：当输出电压为最大不失真输出时，读出直流毫安表中的电流值，此电流即为直流电源供给的平均电流 I_{dc}（有一定误差），由此可近似求得

$$P_E = U_{CC} I_{dc}$$

再根据上面测得的 P_{omax}，即可求出

$$\eta = \frac{P_{omax}}{P_E}$$

3. 幅频特性的测试

在输入端加 $f=1\ kHz$ 的正弦信号，调节输入信号 u_i，使输出获得最大而不失真输出，然后在输入信号幅值维持不变的情况下，按表 1.9.2 要求改变输入信号频率，逐点测试输出信号电压值，记入表 1.9.2 中。

根据被测数值绘出幅频特性曲线，并由图形 $u_o/u_i \approx 0.7$ 处求取下限和上限截止频率 f_L 和 f_H。

表 1.9.2 幅频特性测试值（$u_i=$　　mV）

测量项				$f_L=$		$f_0=1\ 000\ Hz$		$f_H=$			
f/kHz	0.03	0.05	0.10	0.50	1.00	5.00	10.00	20.00	50.00	70.00	100.00
u_o/V											
u_o/u_i											

4. 研究自举电路的作用

① 测量有自举电路，且 $P_o=P_{omax}$ 时的电压增益 $A_u = \dfrac{U_{omax}}{U_i}$。

② 将 C_2 开路，R 短路（无自举），再测量 $P_o=P_{omax}$ 的 A_u。

用示波器观察①，②两种情况下的输出电压波形，并将以上两项测量结果进行比较，分析研究自举电路的作用。

5. 噪声电压的测试

测量时将输入端短路（$U_i=0$），观察输出噪声波形，并用交流毫伏表测量输出电压，即噪声电压 U_N。本电路若 $U_N<15$ mV，即满足要求。

五、预习要求

① 复习 OTL 的电路结构特点和工作原理。
② 如何调试工作点？在调试过程中对 R_{P2} 的调节有什么要求？为什么 R_{P1} 和 R_{P2} 要反复调节？试从原理上分析。

六、思考题

① 产生交越失真的原因是什么？怎样克服交越失真？
② 电路中电位器 R_{P2} 如果开路或短路，对电路工作有何影响？

七、实验报告要求

① 列表整理各项实验数据。
② 根据实验数据计算 P_o，η，f_L 和 f_H 值。
③ 对实验结果进行讨论与比较。
④ 讨论实验中发生的问题及解决办法。

实验 10 低频功率放大器——集成功率放大器

一、实验目的

① 了解集成功率放大器的应用。
② 学习集成功率放大器基本技术指标的测试方法。

二、实验原理

集成功率放大器由集成功放块和一些外部阻容元件构成。它与分立元件功率放大器相比具有下列优点：安装调试简便、性能优越、热稳定性好、可靠性高、电源电压范围宽、适应性广。除音响电路之外，集成功率放大器还可用于各类仪器仪表中作功率放大级。

电路中最主要的组件为集成功放块，它的内部电路与一般分立元件功率放大器不同，通常包括前置级、推动级和功率级等几部分。有些还具有一些特殊功能（消除噪声、短路保护等）的电路。其电压增益较高，不加负反馈时电压增益达 70～80 dB，加典型负反馈时电压增益在 40 dB 以上。

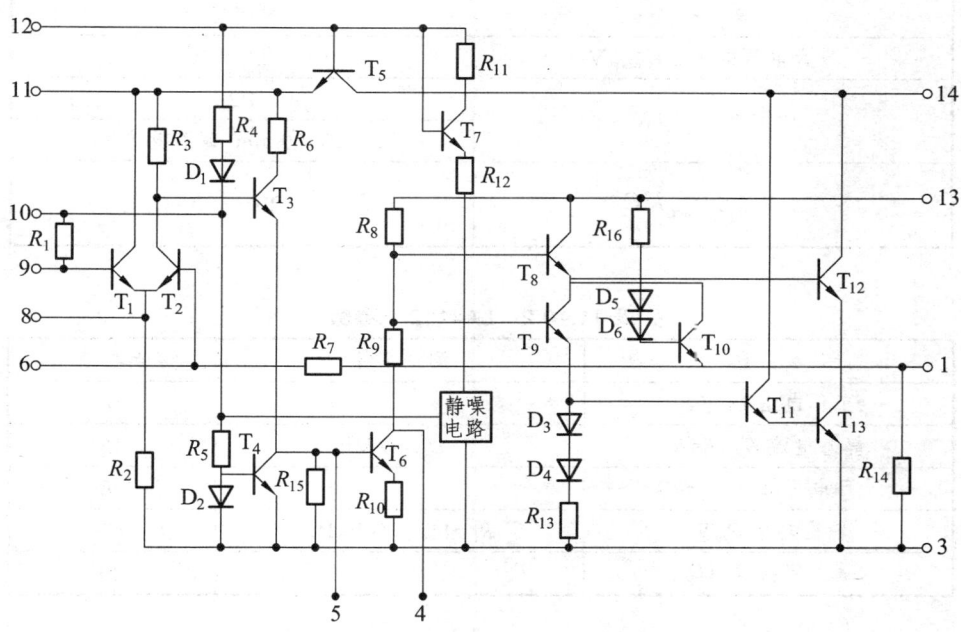

图 1.10.1 LA4112 内部电路图

集成功放块的种类很多。本实验采用的集成功放块型号为 LA4112，它的内部电路如图 1.10.1 所示，由三级电压放大，一级功率放大以及偏置、恒流、退耦电路组成。

① 电压放大级：第一级选用 T_1 和 T_2 管组成的差动放大器，这种直接耦合的放大器零漂较小；第二级的 T_2 管完成直接耦合中的电压转移，T_4 管是 T_3 管的恒流源负载，以获得较大的

增益;第三级由 T_6 管等组成,此级增益最高,为防止出现自激振荡,需在该管的 B,C 极之间外接消振电容。

② 功率放大级:由 $T_8 \sim T_{13}$ 等组成复合互补推挽电路。为提高输出级增益和正向输出幅度,需外接"自举"电容。

③ 偏置电路:为建立各级合适的静态工作点而设置。

除上述主要部分外,为了使电路工作正常,还需要和外部元件一起构成反馈电路来稳定和控制增益。同时,还设有退耦电路来消除各级间的不良影响。

LA4112 集成功放块是一种塑料封装的 14 脚双列直插器件。它的外形如图 1.10.2 所示。表 1.10.1 和表 1.10.2 列出了它的极限参数和电参数。

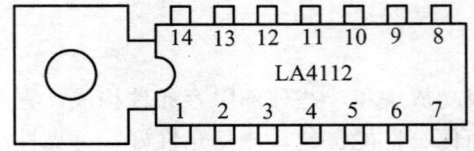

图 1.10.2　LA4112 外形及管脚排列图

与 LA4112 集成功放块技术指标相同的国内外产品还有 FD403,FY4112,D4-112 等,它们可以互相替代使用。

表 1.10.1　LA4112 的极限参数

参　数	额定值
最大电源电压 U_{CCmax}/V	13(有信号时)
允许功耗 P_o/W	1.2
	2.25(50×50 mm^2 铜箔散热片)
工作温度 T_{opr}/℃	$-20 \sim +70$

表 11.10.2　LA4112 电参数

参　数	测试条件	典型值
工作电压 U_{CC}/V		9
静态电流 I_{CCQ}/mA	U_{CC}=9 V	15
开环电压增益 A_{uo}/dB		70
输出功率 P_o/W	R_L=4 Ω,f=1 kHz	1.7
输入阻抗 R_i/kΩ		20

集成功率放大器 LA4112 的应用电路如图 1.10.3 所示。该电路中各电容和电阻的作用简要说明如下:

C_1,C_9——输入、输出耦合电容,起隔直作用。

C_2 和 R_f——反馈元件,决定电路的闭环增益。

C_3,C_4,C_8——滤波、退耦电容。

C_5、C_6、C_{10}——消振电容,消除寄生振荡。

C_7——"自举"电容,若无此电容,将出现输出波形半边被消波的现象。

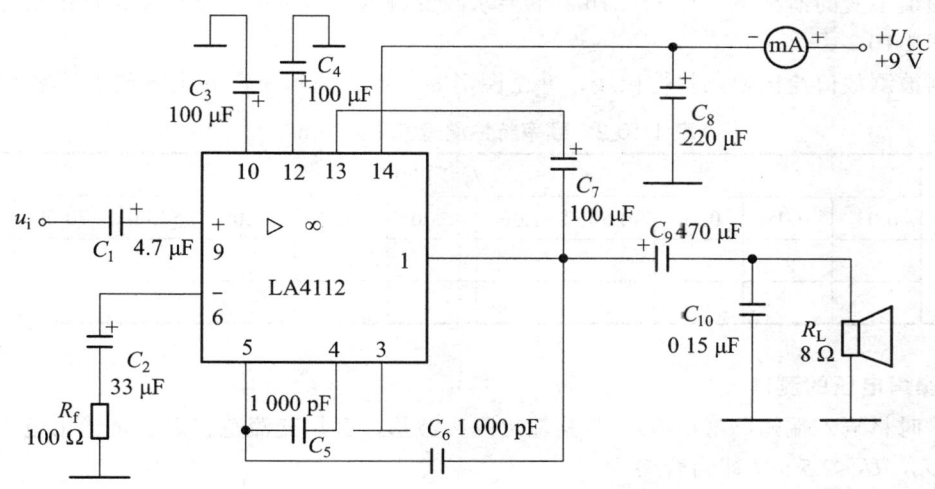

图 1.10.3　由 LA4112 构成的集成功放实验电路

三、实验设备与器件

+9 V 直流电源;函数信号发生器;双踪示波器;交流毫伏表;直流电压表;直流毫安表;频率计;集成功放块 LA4112×1,电阻、电容若干,8 Ω 扬声器。

四、实验内容

按图 1.10.3 连接实验电路。

1. 静态测试

将输入信号调至零,接通 +9 V 直流电源,测量静态总电流及集成块各引脚对地电压,记入表 1.10.1 中。

表 1.10.1　LA4112 各脚电压值($I_{CC}=$　　mA)

引脚号	1	2	3	4	5	6	7	8	9	10	11	12	13	14
电压/V														

2. 动态测试

(1) 最大输出功率

① 接入"自举"电容 C_7,输入端接 1 kHz 正弦信号,输出端用示波器观察输出电压波形,逐渐加大输入信号幅度,使输出电压为最大不失真输出,用交流毫伏表测量此时的输出电压 u_{omax},则最大输出功率为

$$P_{omax} = \frac{u_{omax}^2}{R_L}$$

② 断开"自举"电容 C_7,观察输出电压波形变化情况。

（2）频率响应

在输入端加 1 kHz 的正弦信号，调节输入信号 u_i，使输出获得最大不失真输出，然后在输入信号幅值不变的情况下，按表 1.10.2 的要求改变输入信号频率，逐点测试输出信号电压，并记入表 1.10.2 中。

根据被测数值绘出幅频特性曲线，并由图形 $u_o/u_i \approx 0.7$ 求取下限和上限截止频率 f_L 和 f_H。

表 1.10.2　频率特性测量值（$u_i=$　　mV）

测量项				$f_L=$	$f_0=1\ 000\ Hz$			$f_H=$			
f/kHz	0.03	0.05	0.10	0.50	1.00	5.00	10.00	20.00	50.00	70.00	100.00
u_o/V											
u_o/u_i											

3. 噪声电压的测试

测量时将输入端短路（$u_i=0$），观察输出噪声波形，并用交流毫伏表测量输出电压，即噪声电压 U_N，$U_N<2.5$ mV 即为合格。

注意事项：
① 电源电压不允许超过极限值，不允许极性接反，否则将损坏集成块。
② 电路工作时绝对禁止负载短路，否则将烧坏集成块。
③ 接通电源后，时刻注意集成块的温度，有时，未加输入信号集成块就发热过甚，同时直流毫安表指示出较大电流及示波器显示出幅度较大、频率较高的波形，说明电路有自激振荡，应立即断电，进行故障分析、处理。待自激振荡消除后，才能重新进行实验。
④ 输入信号不要过大。

五、预习要求

① 复习集成功率放大器的工作原理。
② 考虑测试方法中的具体条件。

六、思考题

① 试根据测试结果评定该器件的主要性能是否与指标相符。
② 与分立元件的功率放大器相比较，对集成功率放大器作出相应评价。
③ 查阅有关资料手册，了解目前有哪些集成功率放大器，以及其性能指标与 LA4112 有哪些区别。

七、实验报告要求

① 整理实验数据，并进行分析。
② 画幅频响应曲线。
③ 讨论实验中发现的问题及解决办法。

实验 11　直流稳压电源——串联型晶体管稳压电源

一、实验目的

掌握直流串联型稳压电源的调试方法和主要性能测试方法。

二、实验原理

直流稳压电源由电源变压器、整流电路、滤波器和稳压电路四部分组成。电网供给的交流电压 u_1（220 V，50 Hz）经电源变压器降压后，得到符合电路需要的交流电压 u_2，然后由整流电路变换成方向不变、大小随时间变化的脉动电压 U_I，再经滤波器滤去其交流分量，就可得到比较平直的直流电压，再经过稳压电路就可得到稳定的直流电压了。

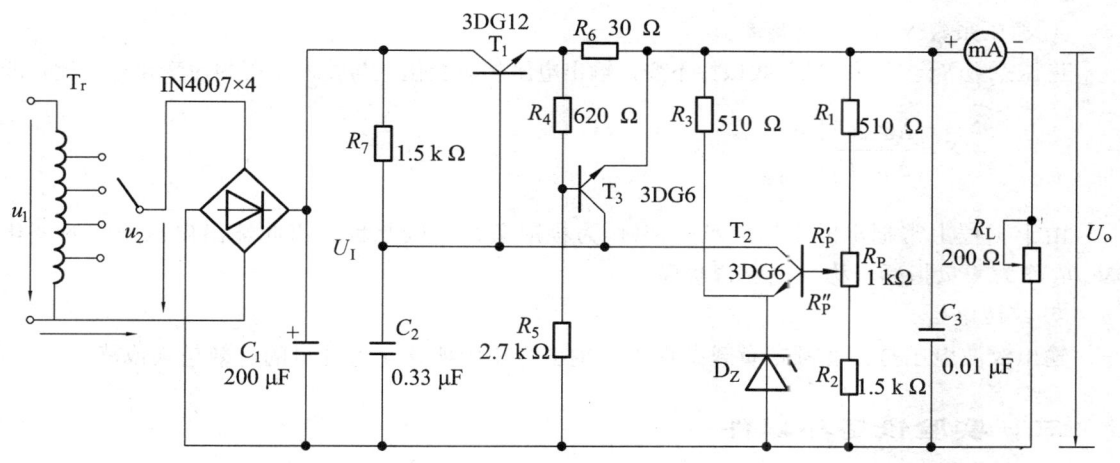

图 1.11.1　串联型稳压电源实验电路

图 1.11.1 是由分立元件组成的串联型稳压电源的电路图。其整流部分为单相桥式整流、电容滤波电路。稳压部分为串联型稳压电路，它由调整元件（晶体管 T_1）；比较放大器 T_2，R_7；取样电路 R_1，R_2，R_P；基准电路 R_3，D_Z，和过流保护电路 T_3 管及电阻 R_4，R_5，R_6 等组成。整个稳压电路是一个具有电压串联负反馈的闭环系统，其稳压过程为：当电网电压波动或负载变动引起输出直流电压发生变化时，取样电路取出输出电压的一部分送入比较放大器，并与基准电压进行比较，产生的误差信号经 T_2 放大后送至调整管 T_1 的基极，使调整管改变其管压降，以补偿输出电压的变化，从而达到稳定输出电压的目的。

由于在稳压电路中，调整管与负载串联，因此流过它的电流与负载电流一样大。当输出电流过大或发生短路时，调整管会因电流过大或电压过高而损坏。所以需要对调整管加以保护。在图 1.11.1 所示电路中，晶体管 T_3，R_4，R_5，R_6 组成减流型保护电路。此电路设计在 $I_{op}=1.2I_0$ 时开始起保护作用，此时输出电流减小，输出电压降低。故障排除后电路应能自动恢复正常工作。在调试时,若保护作用提前,应减小 R_6 的阻值;若保护作用延后,则应增大 R_6 的阻值。

稳压电源的主要性能指标如下:

① 输出电压 U_o 和输出电压调节范围。

$$U_o = \frac{R_1 + R_P + R_2}{R_2 + R_P''}(U_z + U_{BE2})$$

式中　U_z——基准电压。

调节 R_P 可以改变输出电压 U_o。

② 最大负载电流 I_{omax}。

③ 输出电阻 R_o。

输出电阻 R_o 定义为:当输入电压 U_I(稳压电路输入)保持不变,由于负载变化而引起的输出电压变化量与输出电流变化量之比,即

$$R_o = \frac{\Delta U_o}{\Delta I_o}\bigg|_{U_I=常数}$$

④ 稳压系数 S(电压调整率)。

稳压系数 S 定义为:当负载保持不变,输出电压相对变化量与输入电压相对变化量之比,即

$$S = \frac{\Delta U_o/U_o}{\Delta U_I/U_I}\bigg|_{R_L=常数}$$

由于工程上常把电网电压波动±10%作为极限条件,因此也有将此输出电压的相对变化 $\Delta u_o/u_o$ 作为衡量指标,称为电压调整率。

⑤ 纹波电压。

输出纹波电压是指在额定负载条件下,输出电压中所含交流分量的有效值(或峰值)。

三、实验设备与器件

可调工频电源;双踪示波器;交流毫伏表;直流电压表;直流毫安表;滑线变阻器 200Ω/1A;晶体三极管 3DG6×2(9 011×2),3DG12×1(9 013×1);晶体二极管 IN4007×4,稳压管 2CW53×1;电阻、电容若干。

四、实验内容

按图 1.11.1 连接实验电路。

1. 初　测

稳压器输出端负载开路,断开保护电路,接通 14 V 工频电源,测量整流电路输入电压 u_2、滤波电路输出电压 U_I(稳压器输入电压)及输出电压 U_o。调节电位器 R_P,观察 U_o 的大小和变化情况,如果 U_o 能跟随 R_P 线性变化,说明稳压电路各反馈环路工作基本正常;否则,说明稳压电路有故障。因为稳压器是一个深度负反馈的闭环系统,只要环路中任一个环节出现故障(某管截止或饱和),稳压器就会失去自动调节作用。此时可分别检查基准电压 U_z、输入电

压 U_I、输出电压 U_o 以及比较放大器和调整管各电极的电位（主要是 U_{BE1} 和 U_{CE1}），分析它们的工作状态是否都处在线性区，从而找出不能正常工作的原因。排除故障以后就可以进行下一步测试。

2. 测量输出电压可调范围

调节滑线变阻器使输出电流 I_o=100 mA。再调节电位器 R_P，测量输出电压可调范围 U_{omin}～U_{omax}，且使 R_P 动点在中间位置附近时 U_o=9 V。若不满足要求，可适当调整 R_1，R_2 的阻值。

3. 测量各级静态工作点

调节输出电压 U_o=9 V，输出电流 I_o=100 mA，测量各级静态工作点，并记入表 1.11.1 中。

表 1.11.1 静态工作点测试值（u_2=14 V，U_o=9 V，I_o=100 mA）

静态工作点 \ 晶体管	T_1	T_2	T_3
U_B/V			
U_C/V			
U_E/V			

4. 测量稳压系数 S

取 I_o=10 mA，按表 1.11.2 改变整流电路输入电压 u_2（模拟电网电压波动），分别测出相应的稳压器输入电压 U_I 及输出直流电压 U_o，记入表 1.11.2 中。

5. 测量输出电阻 R_o

取 u_2=14 V，改变滑线变阻器位置，使 I_o 依次为空载、50 mA 和 100 mA，测量相应的 U_o 值，记入表 1.11.3 中。

表 1.11.2 稳压系数（I_o=100 mA）

测试值			计算值
u_2	U_I/V	U_o/V	S
10			S_{12}=
14		9	
17			S_{23}=

表 1.11.3 输出电阻（u_2=14 V）

测量值		计算值
I_o	U_o/V	R_o/Ω
空载		R_{o12}=
50	9	
100		R_{o23}=

6. 测量输出纹波电压

取 u_2=14 V，U_o=9 V，I_o=100 mA，测量输出纹波电压 u_o，并做记录。

7. 调整过流保护电路

① 断开工频电源，接上保护回路，再接通工频电源，调节 R_P 及 R_L 使 U_o=9 V，I_o=100 mA，此时保护电路应不起作用。测出 T_3 管各极电位值。

② 逐渐减小 R_L，使 I_o 增加到 120 mA，观察 U_o 是否下降，并测出保护起作用时 T_3 管各极的电位值。若保护作用过早或延迟，可改变 R_6 的阻值进行调整。

③ 用导线瞬时短接输出端，测量 U_o 值，然后去掉导线，检查电路是否能自动恢复正常工作。

五、预习要求

① 预习串联型稳压电源的工作原理和质量指标的定义。
② 预习过流保护电路的工作原理。
③ 初步估算实验电路中各点的电位。
④ 说明图 1.11.1 所示电路中 u_2, U_I, U_o 及 u_o 的物理意义，并从实验仪器中选择合适的测量仪表。

六、思考题

① 根据实验数据分析，为什么当 I_o 增加，输出纹波会随之增加，可用哪些措施来减小纹波电压。
② 根据本实验电路分析如何进一步改善电压稳定度和减小内阻，有哪些措施可采用。

七、实验报告要求

① 根据表 1.11.2 和表 1.11.3 所测数据，计算稳压电路的稳压系数 S 和输出电阻 R_o，并进行分析。
② 分析讨论实验中出现的故障及其排除方法。

实验 12　直流稳压电源——集成稳压器

一、实验目的

① 熟悉集成稳压器件的使用方法。
② 研究集成稳压器的特点和性能指标测试方法。

二、实验原理

由于集成稳压器具有体积小、外接线简单、使用方便、工作可靠和通用性强等优点，因此在各种电子设备中应用十分普遍，基本上取代了由分立元件构成的稳压电路。集成稳压器的种类很多，应根据设备对直流电源的要求来进行选择。对于大多数电子仪器、设备和电子电路来说，通常是选用串联线性集成稳压器。而在这种类型的器件中，又以三端式稳压器应用最为广泛。

78，79系列三端式集成稳压器的输出电压是固定的，在使用中不能进行调整，78系列三端式稳压器输出正极性电压，一般有5 V，6 V，9 V，12 V，15 V，18 V，24 V共7个档次，输出电流最大可达1.5 A（加散热片）。同类型78M系列稳压器的输出电流为0.5 A，78L系列稳压器的输出电流为0.1 A。若要求负极性输出电压，则可选用79系列稳压器。图1.12.1为78系列稳压器的外形和接线图。它有3个引出端：

输入端（不稳定电压输入端——标以"1"；
输出端（稳定电压输出端）——标以"2"；
公共端——标以"3"。

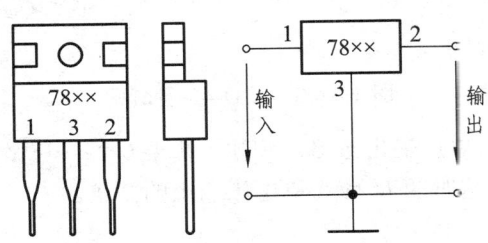

图 1.12.1　78系列稳压器外形及接线图

除固定输出三端稳压器外，还有可调式三端稳压器，后者可通过外接元件对输出电压进行调整，以适应不同的需要。

本实验所用集成稳压器为三端固定正稳压7812，它的主要参数如下：
输出直流电压为 U_o=+12 V；
输出电流为 L——0.1 A，M——0.5 A；
电压调整率为 10 mV/V；
输出电阻 R_o= 0.15 Ω；

输入电压 U_I 的范围为 15～17 V。因为一般 U_I 要比 U_o 大 3～5 V，才能保证稳压器工作在线性区。

图 1.12.2 是用三端式稳压器 7812 构成的单电源电压输出串联型稳压电源的实验电路图。

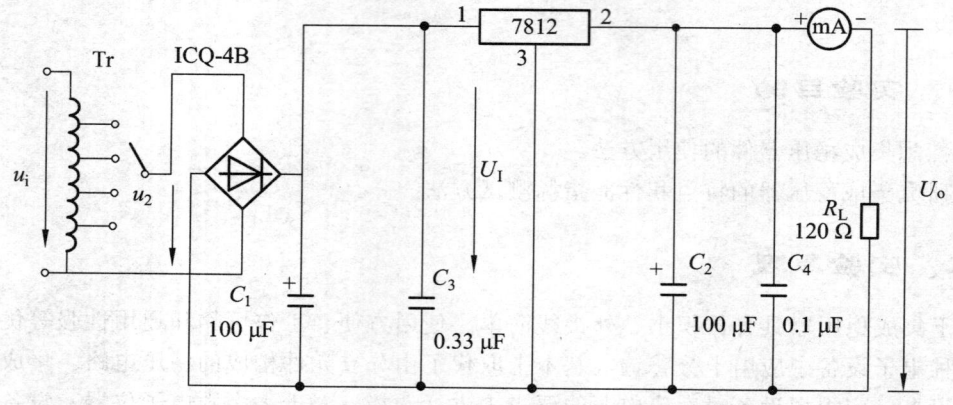

图 1.12.2　由 7812 构成的串联型稳压电源

其中整流部分采用了由 4 个二极管组成的桥式整流集成块（又称桥堆），型号为 1CQ-4B，其内部接线和外部管脚引线如图 1.12.3 所示。滤波电容 C_1，C_2 一般选取几百到几千微法。当稳压器距离整流滤波电路比较近时，在输入端必须接入电容器 C_3（0.33 μF），以抵消线路的电感效应，防止产生自激振荡。输出端电容 C_4（0.1μF）用以滤除输出端的高频信号，改善电路的暂态响应。

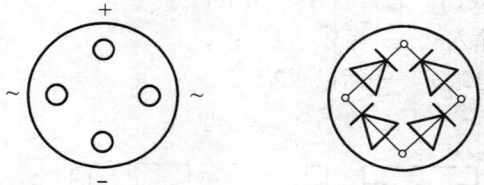

图 1.12.3　ICQ-4B 管脚图

图 1.12.4 所示为正负双电压输出电路。例如，需要 U_{o1} = +18 V，U_{o2} = -18 V，则可选用 7818 和 7918 三端稳压器，这时的 U_I 应为单电压输出的 2 倍。

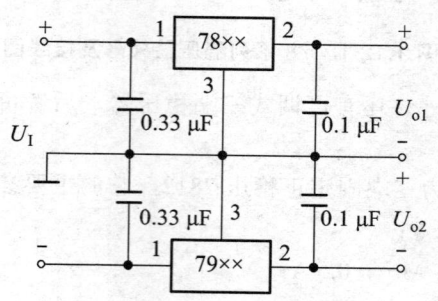

图 1.12.4　正负双电压输出电路

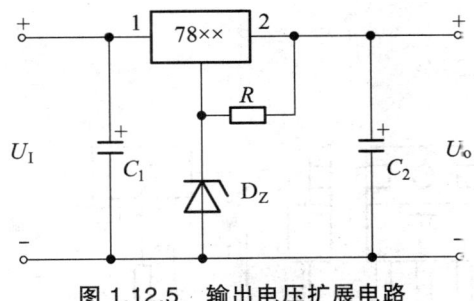

图 1.12.5 输出电压扩展电路

当集成稳压器本身的输出电压或输出电流不能满足要求时，可通过外接电路来进行性能扩展。图 1.12.5 是一种简单的输出电压扩展电路。如 7812 稳压器的 3,2 端间输出电压为 12 V，因此只要适当选择 R 值，使稳压管 D_Z 工作在稳压区，则输出电压 $U_o = 12 + U_z$，可以高于稳压器本身的输出电压。图 1.12.6 是通过外接晶体管 T 及电阻 R_1 来进行电流扩展的电路。电阻 R_1 的阻值由外接晶体管的发射结导通电压 U_{BE}、三端式稳压器的输入电流 I_i（近似等于三端稳压器的电流 I_{o1}）和 T 的基极电流 I_B 来决定，即

$$R_1 = \frac{U_{BE}}{I_R} = \frac{U_{BE}}{I_i - I_B} \approx \frac{U_{BE}}{I_{o1} - \frac{I_C}{\beta}}$$

式中，I_C 为晶体管 T 的集电极电流，$I_C = I_o - I_{o1}$；β 为 T 的电流放大倍数；对于锗管 U_{BE} 可按 0.3 估算，对于硅管 U_{BE} 按 0.7 估算。

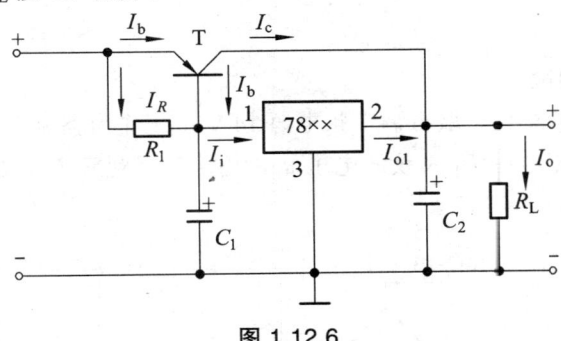

图 1.12.6

图 1.12.7 所示为 79 系列（输出负电压）稳压器的外形及接线图。

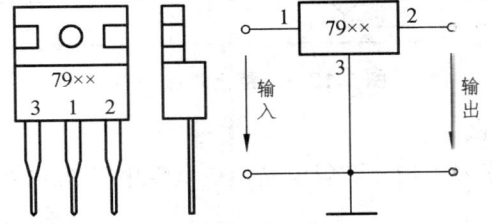

图 1.12.7 79 系列稳压器外形及接线图

图 1.12.8 所示为可调输出正三端稳压器 317 的外形及接线图。
输出电压计算公式为

$$U_o \approx 1.25\left(1 + \frac{R_P}{R}\right)$$

最大输入电压 U_{Imax} = 40 V

输出电压范围 U_o = 1.2～37 V

I_o = 1.5 A

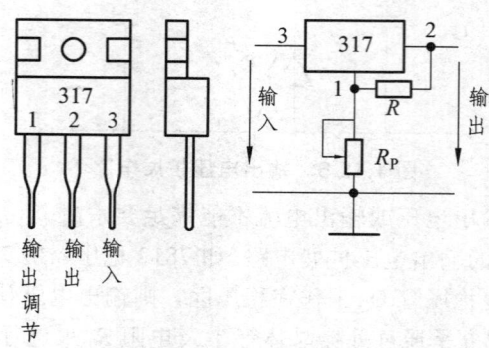

图 1.12.8　317 外形及接线图

三、实验设备与器件

可调工频电源；双踪示波器；交流毫伏表；直流电压表；直流毫安表；三端稳压器 7812×1，7912×1，桥堆 ICQ-4B×1；电阻，电容若干。

四、实验内容

1. 整流滤波电路测试

按图 1.12.9 连接实验电路，取可调工频电源 14 V 电压作为整流电路输入电压 u_2。接通工频电源，测量输出端直流电压 U_L 及纹波电压 u_L，用示波器观察 U_2，U_L 的波形，并记录下数据和波形。

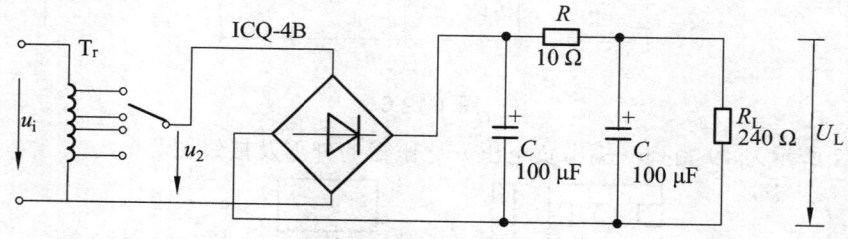

图 1.12.9　整流滤波电路

2. 集成稳压器性能测试

断开工频电源，按图连接 1.12.2 实验电路，取负载电阻 R_L=120 Ω。

（1）初测

接通工频 14 V 电源，测量 u_2、滤波电路输出电压 U_I、集成稳压器输出电压 U_o，它们的数值应与理论值大致符合。否则，说明电路出了故障，应设法查找故障并加以排除。

电路经初测进入正常工作状态后，才能进行各项指标的测试。

（2）各项性能指标测试

① 输出电压 U_o 和最大输出电流 I_{omax} 的测量。

在输出端接负载电阻 R_L=120 Ω，由于 7812 输出电压 U_o=12 V，因此流过 R_L 的电流为

$$I_{o\max} = \frac{12\text{ V}}{120\text{ Ω}} = 100\text{ mA}$$

这时 U_o 应基本保持不变，若变化较大则说明集成块性能不良。

② 稳压系数 S 的测量。

取 I_o=100 mA，按表 1.12.1 改变整流电路输入电压 u_2（模拟电网电压波动），分别测出相应的稳压器输入电压 U_I 及输出直流电压 U_o，记入表 1.12.1。

③ 输出电阻 R_o 的测量。

取 u_2=14 V，改变 R_L 值（240 Ω，120 Ω），使 I_o 依次为空载、50 mA 和 100 mA，测量相应的 U_o 值，记入表 1.12.2 中。

④ 输出纹波电压的测量。

取 u_2=15 V，U_o=12 V，I_o=100 mA，测量输出纹波电压 u_o，并记录。

表 1.12.1 稳压系数（I_o=100 mA）

测试值			计算值
u_2/V	U_I/V	U_o/V	S
10			S_{12}=
15		12	
17			S_{23}=

表 1.12.2 输出电阻（u_2=14 V）

测试值		计算值
I_o/mA	U_o/V	R_o/Ω
空载		R_{o12}=
50	12	
100		R_{o23}=

（3）**集成稳压器性能扩展**

根据实验器材，选取图 1.12.4 和图 1.12.5 所示电路中各元器件，并自拟测试方法与表格，记录实验结果。

五、预习要求

① 预习集成稳压器的工作原理，要求能正确掌握外接元件的连接方法。
② 在测试稳压系数 S 和输出电阻 R_o 时，应怎样选择测试仪表？
③ 估计在实验中可能产生的问题和应采取的保护措施，以防器件受到意外损坏。

六、思考题

① 集成稳压器与分立元件串联型稳压电源各有何特点？集成稳压器是否能完全取代分立元件的稳压电源？
② 参阅其他资料，了解还有哪些型号的集成稳压器，以及它们在性能指标方面有何差异。

七、实验报告要求

① 整理实验数据，计算 S 和 R_o，并与手册上的典型值进行比较。
② 分析讨论实验中发生的问题。

实验 13 集成运算放大器指标测试

一、实验目的

① 掌握运算放大器主要指标的测试方式。

② 通过对运算放大器 μA741 指标的测试,了解集成运算放大器组件的主要参数的定义和表示方法。

二、实验原理

集成运算放大器是一种线性集成电路。和其他半导体器件一样,它是用一些性能指标来衡量其质量的优劣。为了正确使用集成运放,就必须了解它的主要参数指标。集成运放组件的各项指标通常是用专用仪器进行测试的,这里介绍的是一种简易测试方法。

本实验采用的集成运放型号为 μA741(或 F007),引脚排列如图 1.13.1 所示。它是八脚双列直插式组件:2 脚和 3 脚分别为反相和同相输入端,6 脚为输出端,7 脚和 4 脚分别为正、负电源端,1 脚和 5 脚分别为失调调零端,1,5 脚之间可接入一只几十千欧姆的电位器并将滑动触头接到负电源端,8 脚为空脚。

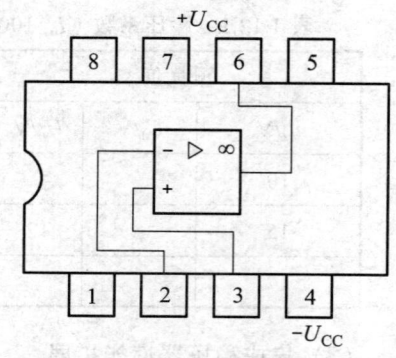

图 1.13.1 μA741 管脚图

1. 输入失调电压 U_{os}

理想运放组件,当输入信号为零时,其输出也为零。但是即使是最优质的集成组件,由于运放内部差动输入级参数的不完全对称,输出电压往往不为零。这种零输入时输出不为零的现象称为集成运放的失调。

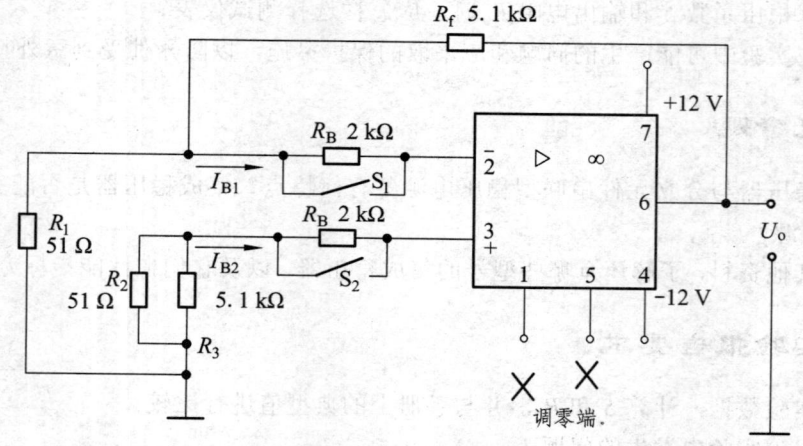

图 1.13.2 U_{os},I_{os} 测试电烙

输入失调电压 U_{os} 是指输入信号为零时,输出端出现的电压折算到同相输入端的数值。

失调电压测试电路如图 1.13.2 所示。闭合开关 S_1 及 S_2,使电阻 R_B 短接,测得此时的输出电压 U_{o1},即为输出失调电压,则输入失调电压为

$$U_{os} = \frac{R_1}{R_1 + R_F} U_{o1}$$

实际测出的 U_{o1} 可能为正,也可能为负。高质量的运放 U_{os} 一般在 1 mV 以下。

测试过程中应注意:

① 将运放调零端开路。

② 要求电阻 R_1 和 R_2,R_3 和 R_F 的参数严格对称。

2. 输入失调电流 I_{os}

输入失调电流 I_{os} 是指当输入信号为零时,运放的两个输入端的基极偏置电流之差,即

$$I_{os} = |I_{B1} - I_{B2}|$$

输入失调电流的大小反映了运放内部差动输入级两个晶体管 β 的失配度。由于 I_{B1},I_{B2} 本身的数值已很小(微安级),因此它们的差值通常不是直接测量的,测试电路如图 1.13.2 所示,测试分两步进行。

① 闭合开关 S_1 及 S_2,在低输入电阻下,测出输出电压 U_{o1}。如前所述,这是由输入失调电压 U_{os} 所引起的输出电压。

② 断开 S_1 及 S_2,接入两个输入电阻 R_B。由于 R_B 阻值较大,流经它们的输入电流的差异,将变成输入电压的差异,因此,也会影响输出电压的大小,可见测出接入两个电阻 R_B 时的输出电压 U_{o2},若从中扣除输入失调电压 U_{os} 的影响,则输入失调电流 I_{os} 为

$$I_{os} = |I_{B1} - I_{B2}| = |U_{o2} - U_{o1}| \frac{R_1}{R_1 + R_F} \cdot \frac{1}{R_B}$$

一般,I_{os} 在 100 nA 以下。

测试中应注意:

① 将运放调零端断开。

② 两输入端电阻 R_B 必须精确配对。

3. 开环差模放大倍数 A_{ud}

集成运放在没有外部反馈时的直流差模放大倍数称为差模电压放大倍数,用 A_{ud} 表示。它定义为开环输出电压 u_o 与两个差分输入端之间所加信号电压 u_{id} 之比,即

$$A_{ud} = \frac{u_o}{u_{id}}$$

按定义 A_{ud} 应是信号频率为零时的直流放大倍数,但为了测试方便,通常采用低频(几十赫兹以下)正弦交流信号进行测量。由于集成运放的开环电压放大倍数很高,难以直接进行测量,故一般采用闭环测量方法。A_{ud} 的测试方法很多,现采用交、直流同时闭环的测试方法,如图 1.13.3 所示。

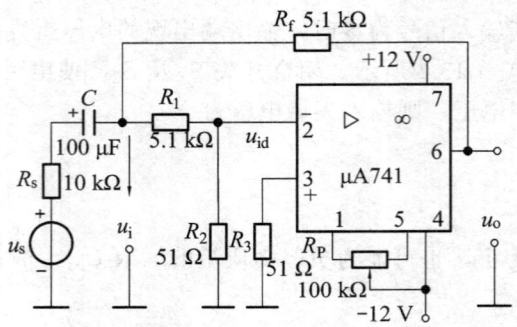

图 1.13.3 A_{ud} 测试电路

被测运放一方面通过 R_f，R_1，R_2 完成直流闭环，以抑制输出电压漂移；另一方面通过 R_f 和 R_s 实现交流闭环。外加信号 u_S 经 R_1、R_2 分压，使 u_{id} 足够小，以保证运放工作在线性区。同相输入端电阻 R_3 应与反相输入端电阻 R_2 相匹配，以减小输入偏置电流的影响。电容 C 为隔直电容。被测运放的开环电压放大倍数为

$$A_{ud} = \frac{u_o}{u_{id}} = \left(1 + \frac{R_1}{R_2}\right)\frac{u_o}{u_i}$$

通常低增益运放 A_{ud} 为 60～70 dB，中增益运放约为 80 dB，高增益运放约为 100 dB，有的高达 120～140 dB。

测试过程中应注意：
① 测试前电路应首先消振及调零。
② 被测运放应工作在线性区。
③ 输入信号频率应较低，一般用 50～100 Hz，输出信号幅度应较小，且无明显失真。

4. 共模抑制比 K_{CMR}

集成运放的差模电压放大倍数 A_{ud} 与共模电压放大倍数 A_{uc} 之比称为共模抑制比，用 K_{CMR} 表示。

$$K_{CMR} = \left|\frac{A_{ud}}{A_{uc}}\right| \text{ 或 } K_{CMR} = 20\lg\left|\frac{A_{ud}}{A_{uc}}\right| \text{ (dB)}$$

共模抑制比在应用中是一个很重要的参数。理想运放在输入共模信号时其输出为零，但在实际的集成运放中，其输出不可能没有共模信号的成分。输出端共模信号越小，说明电路对称性越好，也就是说运放对共模干扰信号的抑制能力越强，即 K_{CMR} 越大。K_{CMR} 的测试电路如图 1.13.4 所示。

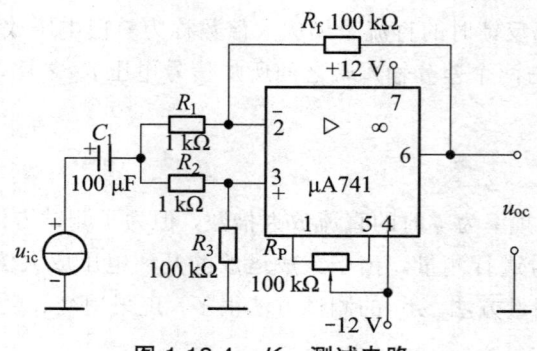

图 1.13.4 K_{CMR} 测试电路

集成运放工作在闭环状态下的差模电压放大倍数为

$$A_{ud} = -\frac{R_f}{R_1}$$

当接入共模输入信号 u_{ic} 时，测得 u_{oc}，则共模电压放大倍数为

$$A_{uc} = \frac{u_{oc}}{u_{ic}}$$

共模抑制比为：

$$K_{CMR} = \left|\frac{A_{ud}}{A_{uc}}\right| = \frac{R_f u_{ic}}{R_1 u_{oc}}$$

测试过程中应注意：
① 测试前电路应首先消振与调零。
② R_1 与 R_2，R_3 与 R_f 阻值严格对称。
③ 输入信号 u_{ic} 幅度必须小于集成运放的最大共模输入电压范围 u_{icm}。

5. 共模输入电压范围 u_{icm}

集成运放所能承受的最大共模电压称为共模输入电压范围，超出这个范围，运放的 K_{CMR} 会大大下降，输出波形产生失真，有些运放还会出现"自锁"现象甚至永久性的损坏。

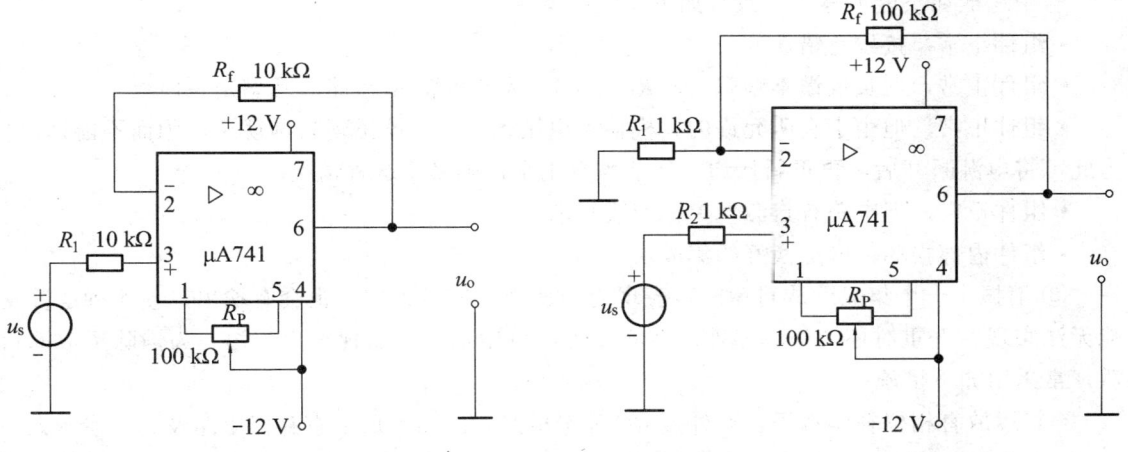

图 1.13.5　u_{icm} 测试电路　　　　　　图 1.13.6　U_{opp} 测试电路

u_{icm} 测试电路如图 1.13.5 所示。被测运放接成电压跟随器形式，输出端接示波器，观察最大不失真输出波形，从而确定 u_{icm} 值。

6. 输出电压最大动态范围 U_{opp}

集成运放的动态范围与电源电压、外接负载及信号源频率有关。测试电路如图 1.13.6 所示。改变 u_s 幅度，观察 u_o 削顶失真开始时刻，从而确定 u_o 的不失真范围，这就是运放在某一定电源电压下可能输出的电压峰-峰值 U_{opp}。

集成运放在使用时应考虑的一些问题：
① 输入信号选用交、直流量均可，但在选取信号的频率和幅度时，应考虑运放的频响特性和输出幅度的限制。

②调零。为提高运算精度,在运算前,应首先对直流输出电压进行调零,即保证输入为零时,输出也为零。当运放有外接调零端子时,可按组件要求接入调零电位器 R_P。调零时,将输入端接地,调零端接入电位器 R_P,用直流电压表测量输出电压 U_o,细心调节 R_P,使 U_o 为零(即失调电压为零)。如运放没有调零端子,或要调零,可按图 1.13.7 所示电路进行调零。

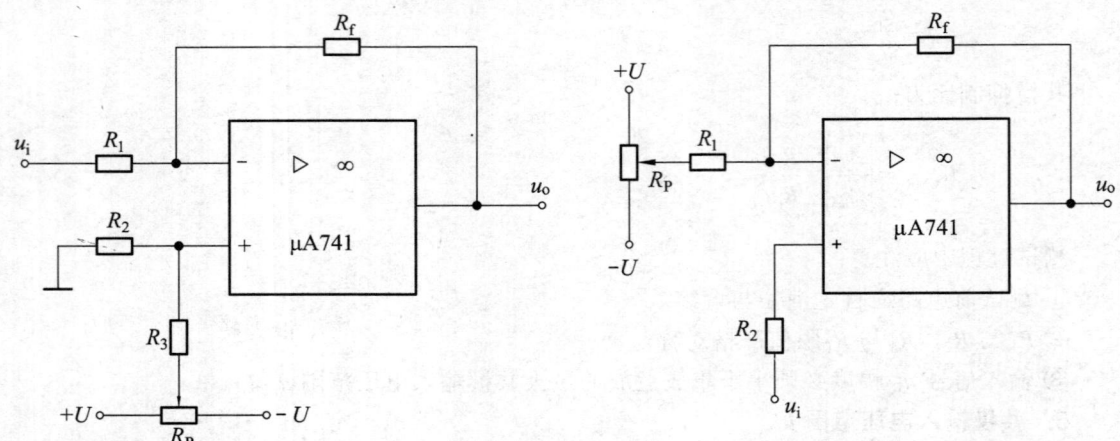

图 1.13.7 调零电路

一个运放如不能调零,大致有如下原因:
- 组件正常,接线有错误。
- 组件正常,但负反馈不够强(R_f/R_1 太大),为此可将 R_f 短路,观察是否能调零。
- 组件正常,但由于它所允许的共模输入电压太低,可能出现自锁现象,因而不能调零。为此可将电源断开后,再重新接通,如能恢复正常,则属于这种情况。
- 组件正常,但电路有自激现象,应进行消振。
- 组件内部损坏,应更换好的集成块。

③消振。一个集成运放自激时,表现为即使输入信号为零,也会有输出,使各种运算功能无法实现,严重时还会损坏器件。在实验中,可用示波器监视输出波形。为消除运放的自激,常采用如下措施:
- 若运放有相位补偿端子,可外接 RC 补偿电路。产品手册中有补偿电路及元件参数。
- 电路布线、元、器件布局应尽量减少分布电容。
- 在正、负电源进线与地之间接上几微法的电解电容和 $0.01\sim0.1\mu F$ 的陶瓷电容相并联,以减小电源引线的影响。

三、实验设备与器件

±12 V 直流电源;函数信号发生器;双踪示波器;交流毫伏表;直流电压表;集成运算放大器 μA741×1,电阻、电容若干。

四、实验内容

实验前看清运放管脚排列及电源电压极性及数据值,切忌正、负电源接反。

(1) 测量输入失调电压 u_{os}

按图 1.13.2 连接实验电路，闭合开关 S_1、S_2，用直流电压表测量输出端电压 U_{o1}，并计算 U_{os}，记入表 1.13.1 中。

(2) 测量输入失调电流 I_{os}

实验电路如图 1.13.2 所示，打开 S_1、S_2，用直流电压表测量 I_{o2}，并计算 I_{os}，记入表 1.13.1 中。

表 1.13.1　输入失调电压、失调电流的测试

U_{os}		I_{os}/nA		A_{ud}/dB		K_{CMR}/dB	
实测值	典型值	实测值	典型值	实测值	典型值	实测值	典型值

(3) 测量闭环差模电压放大倍数 A_{ud}

按图 1.13.3 连接实验电路，运放输入端加频率为 100 Hz、大小为 30～50 mV 的正弦信号，用示波器监视输出波形。用交流毫伏表测量 u_o 和 u_i，并计算 A_{ud}，记入表 1.13.1 中。

(4) 测量共模抑制比 K_{CMR}

按图 1.13.4 连接实验电路，运放输入端加 f=100 Hz，u_{ic}=1～2V 正弦信号，监视输出波形。测量 u_{oc} 和 u_{ic}，计算 A_{uc} 及 K_{CMR}，并记入表 1.13.1 中。

(5) 测量共模输入电压范围 u_{icm} 及输出电压最大动态范围 U_{oFP}

自拟实验步骤及方法。

五、预习要求

① 测试信号的频率选取的原则是什么？

② 测量输入失调参数时，为什么运放反相及同相输入端的电阻要精选，以保证严格对称？

③ 测量输入失调参数时，为什么要将运放调零端开路，而在进行其他测试时，则要求对输出电压进行调零？

④ 查阅 μA741 典型指标数据及管脚功能，并与实测数据比较。

六、实验报告要求

① 将所测得的数据与典型值进行比较。

② 对实验结果及实验中碰到的问题进行分析、讨论。

实验14 集成运算放大器的基本应用——模拟运算电路

一、实验目的

① 掌握运算放大器的正确使用方法。
② 熟悉运算放大器线性应用电路的运算关系及其测试方法。
③ 研究运算放大器组成的比例、加法、减法和积分等基本运算电路的功能。

二、实验原理

集成运算放大器是一种具有高电压放大倍数的直接耦合多级放大电路,当外接不同的线性或非线性元器件,组成输入和负反馈电路时,可以灵活地实现各种特定的函数关系。在线性应用方面,可组成比例、加法、减法等模拟运算电路。

(1) 反相比例运算电路

电路如图 1.14.1 所示。对于理想运放,该电路的输出电压与输入电压之间的关系为

$$u_o = -\frac{R_f}{R_1} u_i$$

为了减小输入级偏置电流引起的运算误差,在同相输入端应接入平衡电阻 $R_2 = R_1 // R_f$。

(2) 反相加法器

电路如图 1.14.2 所示,输出电压与输入电压之间的关系为

$$u_o = -\frac{R_f}{R}(u_{i1} + u_{i2}) \quad (R_1 = R_2 = R, \ R_3 = R_1 // R_2 // R_f)$$

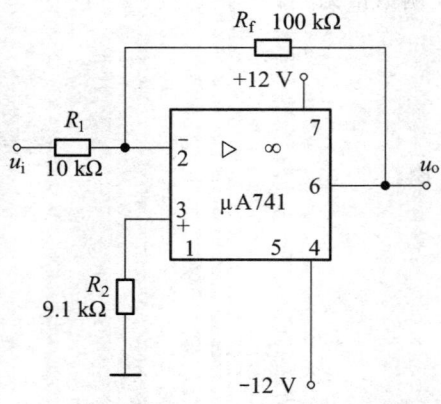

图 1.14.1 反相比例运算电路

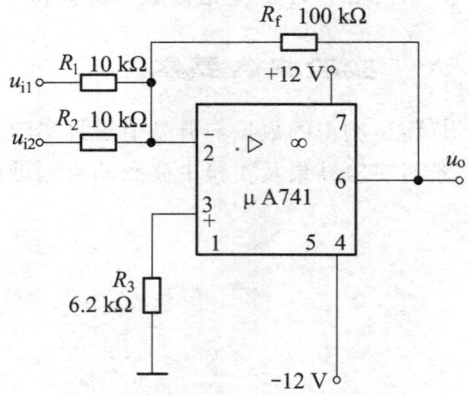

图 1.14.2 反相加法运算电路

(3) 同相比例运算电路

图 1.14.3(a) 所示是同相比例运算电路,它的输出电压与输入电压之间的关系为

$$u_o = \left(1 + \frac{R_f}{R_1}\right) u_i \quad (R_2 = R_1 // R_f)$$

当 $R_1 \to \infty$ 时，$u_o = u_i$，即得到如图 1.14.3（b）所示的电压跟随器。图中 $R_2 = R_f$，用以减小漂移和起保护作用。一般 R_f 取 10 kΩ，R_f 太小起不到保护作用，太大则影响跟随性。

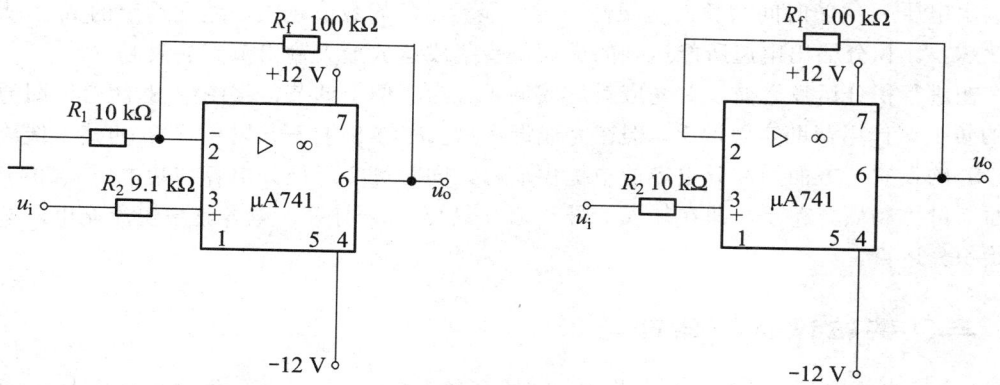

（a）同相比例运算电路　　　　　　　　　　　（b）电压跟随器

图 1.14.3　同相比例运算电路

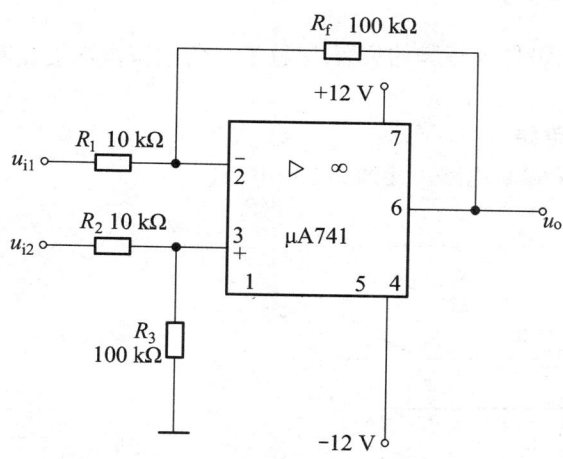

图 1.14.4　减法运算电路

（4）差动放大电路（减法器）

对于图 1.14.4 所示减法运算电路，当 $R_1 = R_2$，$R_3 = R_f$ 时，有如下关系：

$$u_o = \frac{R_f}{R_1}(u_{i2} - u_{i1})$$

（5）积分运算电路

反相积分电路如图 1.14.5 所示。在理想的条件下，输出电压 u_o 为

$$u_o(t) = -\frac{1}{R_1 C}\int_0^t u_i \, dt + u_C(0)$$

式中，$u_C(0)$ 是 $t=0$ 时刻电容 C 两端的电压值，即初始值。

如果 $u_i(t)$ 是幅值为 E 的阶跃电压，并设 $u_C(0)=0$，则

$$u_o(t) = -\frac{1}{R_1 C}\int_0^t E \mathrm{d}t = -\frac{E}{R_1 C}t$$

即输出电压 $u_o(t)$ 随时间增长而呈线性下降。显然 RC 的数值越大，达到给定的 u_o 值所需的时间就越长。积分输出电压所能达到的最大值受集成运放最大输出范围的限制。

在进行积分运算之前，首先应对运放调零。为了便于调节，将图中 S_1 闭合，即通过电阻 R_2 的负反馈作用帮助实现调零。但在完成调零后，应将 S_1 打开，以免因 R_2 的接入造成积分误差。S_2 的设置一方面为积分电容放电提供通路，同时可实现积分电容初始电压 $u_C(0)=0$；另一方面，可控制积分起点，即在加入信号 u_i 后，只要 S_2 一打开，电容就被恒流充电，电路也就开始积分运算。

三、实验设备与器件

±12 V 直流电源；函数信号发生器；交流毫伏表；直流电压表；集成运算放大器 μA741×1，电阻、电容若干。

四、实验内容

实验前要看清运放组件各管脚的位置，切忌正、负电源极性接反和输出端短路，否则将会损坏集成块。

1. 反相比例运算电路

① 按图 1.14.1 连接实验电路，接通±12 V 电源。

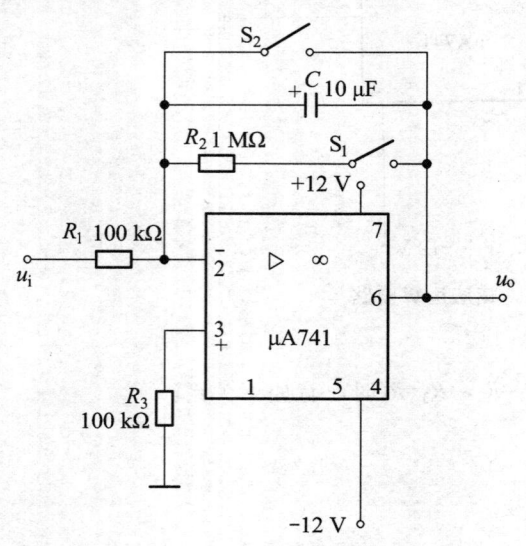

图 1.14.5　积分运算电路

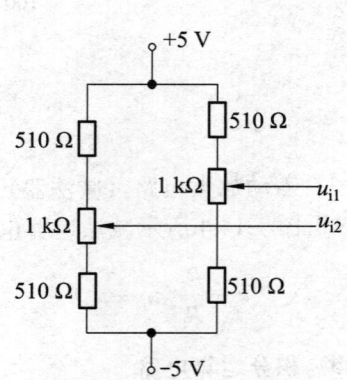

图 1.14.6　简易可调直流信号源

② 输入 $f=100$ Hz，$u_i=40\sim50$ mV 的正弦交流信号，测量相应的 u_o，并用示波器观察 u_o 和 u_i 的相位关系，记入表 1.14.1 中。

表 1.14.1　反相比例测试数据

u_i/mV	u_o/mV	u_i 波形	u_o 波形	A_u	
				实测值	计算值

2. 同相比例运算电路

① 按图 1.14.3（a）连接实验电路。实验步骤同上，将结果记入表 1.14.2 中。

② 将图 1.14.3（a）中的 R_1 断开，得图 1.14.3（b）电路，重复内容①。

3. 反相加法运算电路

① 按图 1.14.2 连接实验电路。

表 1.14.2　同相比例测试数据

u_i/mV	u_o/mV	u_i 波形	u_o 波形	A_u	
				实测值	计算值

② 输入信号采用直流信号，图 1.14.6 所示电路为简易直流信号源，由实验者自行完成。实验时要注意选择合适的直流信号幅度以确保集中运放工作在线性区。用直流电压表测量输入电压 U_{i1}、U_{i2} 及输出电压 U_o，记入表 1.14.3 中。

表 1.14.3　反相加法运算测试数据

U_{i1}/V	+0.4	+0.6	+0.8	+1	+1.5
U_{i2}/V	−0.2	−0.4	−0.6	−0.8	−1
U_o/V					

4. 减法运算电路

① 按图 1.14.4 连接实验电路。

② 采用直流输入信号，实验步骤同内容 3，测试数据记入表 1.14.4 中。

1.14.4　减法运算测试数据

U_{i1}/V	+0.1	+0.2	+0.3	+0.4	+0.5
U_{i2}/V	−0.1	−0.2	−0.3	−0.4	−0.5
U_o/V					

5. 积分运算电路

按图 1.14.5 连接实验电路。

① 打开 S_2，闭合 S_1。

② 再打开 S_1，闭合 S_2，使 $u_C(0)=0$。

③ 先调好直流输入电压 $U_i=0.5$ V，接入实验电路，再打开 S_2，然后用直流电压表测量输出电压 U_o，每隔 5 秒读一次 U_o，记入表 1.14.5 中，直到 U_o 不继续明显增大为止。

表 1.14.5 积分运算测试数据

t/s	0	5	10	15	20	25	30	…
U_o/V								

五、预习要求

① 复习集成运放线性应用部分内容，并根据实验电路参数计算各电路输出电压的理论值。

② 在反相加法器中，如 U_{i1} 和 U_{i2} 均采用直流信号，并选定 $U_{i2}=-1$ V，当考虑运算放大器的最大输出幅度（±12 V）时，$|U_{i1}|$ 不应超过多少？

③ 在积分电路中，如 $R_1=100$ kΩ，$C = 4.7$ μF，求时间常数。假设 $U_i = 0.5$ V，要使输出电压 U_o 达到 5 V，需多长时间（设 $u_C(0)=0$）？

④ 为了不损坏集成块，实验中应注意什么问题？

六、思考题

① 在比例、加法运算中，其输出电压 U_o 为什么与理论计算值有一定误差？如何减少这些误差？

② 在比例运算中，当 U_i 达到一定数值后，U_o 不再按线性关系增大，这是何种原因造成的？与元件的哪项技术指标参数有关？

七、实验报告要求

① 整理实验数据，画出波形图（注意波形间的相位关系）。

② 将理论计算结果和实测数据相比较，分析产生误差的原因。

③ 分析讨论实验中出现的问题。

实验 15 集成运算放大器的基本应用——波形发生器

一、实验目的

① 学习用集成运放构成正弦波、方波和三角波发生器。
② 学习波形发生器的调整方法和主要性能指标的测试方法。

二、实验原理

由集成运放构成的正弦波、方波和三角波发生器有多种形式，本实验选用最常用的、线路比较简单的几种电路加以分析。

（1）RC 桥式正弦波振荡器（文氏桥振荡器）

图 1.15.1 所示为 RC 桥式正弦波振荡器。其中 RC 串、并联电路构成正反馈支路，同时兼作选频网络；R_1，R_2，R_P 及二极管等元件构成负反馈和稳幅环节。调节电位器 R_P，可以改变负反馈深度，以满足振荡的振幅条件和改善波形。利用两个反向并联二极管 D_1，D_2 正向电阻的非线性特性来实现稳幅。

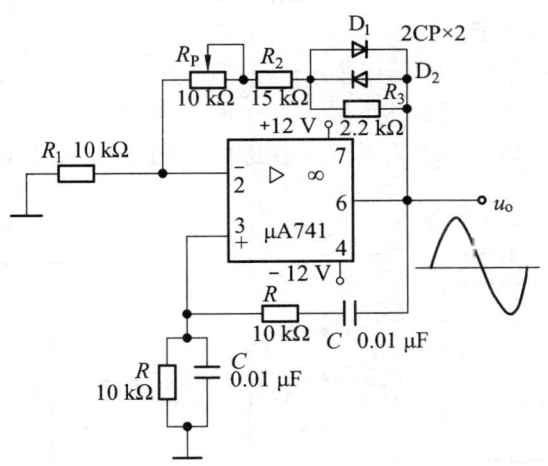

图 1.15.1 RC 桥式正弦波振荡器

D_1，D_2 采用硅管（温度稳定性好），且要求特性匹配，才能保证输出波形正、负半周对称。R_3 的接入是为了削弱二极管非线性的影响，以改善波形失真。

电路的振荡频率：$f_0 = \dfrac{1}{2\pi RC}$

起振条件：$\dfrac{R_f}{R_1} \geqslant 2$

式中，$R_f = R_P + R_2 + (R_3 /\!/ r_D)$，$r_D$ 是二极管的正向导通电阻值。

调整反馈电阻 R_f（调 R_P），使电路起振，且波形失真最小。如不能起振，则说明负反馈太强，应适当加大 R_f。如波形失真严重，则应适当减小 R_f。

改变选频网络的参数 C 或 R，即可调节振荡频率。一般采用改变电容 C 作频率量程切换，而调节 R 作量程内的频率细调。

（2）方波发生器

由集成运放构成的方波发生器和三角波发生器，一般均包括比较器和 RC 积分器两大部分。图 1.15.2 所示为由滞回比较器及简单 RC 积分电路组成的方波-三角波发生器。它的特点是线路简单，但三角波的线性较差，主要用于产生方波，或对三角波要求不高的场合。

该电路的振荡频率：
$$f_0 = \frac{1}{2R_f C_f \ln\left(1 + 2\dfrac{R_2}{R_1}\right)}$$

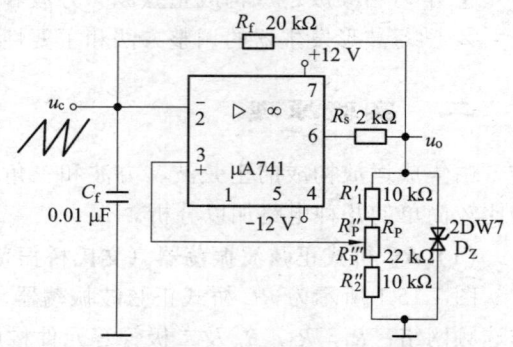

式中，$R_1 = R_1' + R_P'$，$R_2 = R_2' + R_P''$。

方波的输出幅值：$u_{o\max} = \pm U_Z$

三角波的幅值：$u_{o\max} = \dfrac{R_2}{R_1 + R_2} U_Z$

调节电位器 R_P（即改变 R_2/R_1），可以改变振荡频率，但三角波的幅值也随之变化。如果互不影响，则可通过改变 R_f（或 C_f）来实现振荡频率的调节。

图 1.15.2　方波发生器

（3）三角波和方波发生器

如果把滞回比较器和积分器首尾相接，形成正反馈闭环系统，如图 1.15.3 所示，则比较器输出的方波经积分器积分可得到三角波，三角波又触发比较器自动翻转形成方波，这样即可构成三角波和方波发生器。由于采用运放组成的积分电路，因此可实现恒流充电，使三角波线性大大改善。

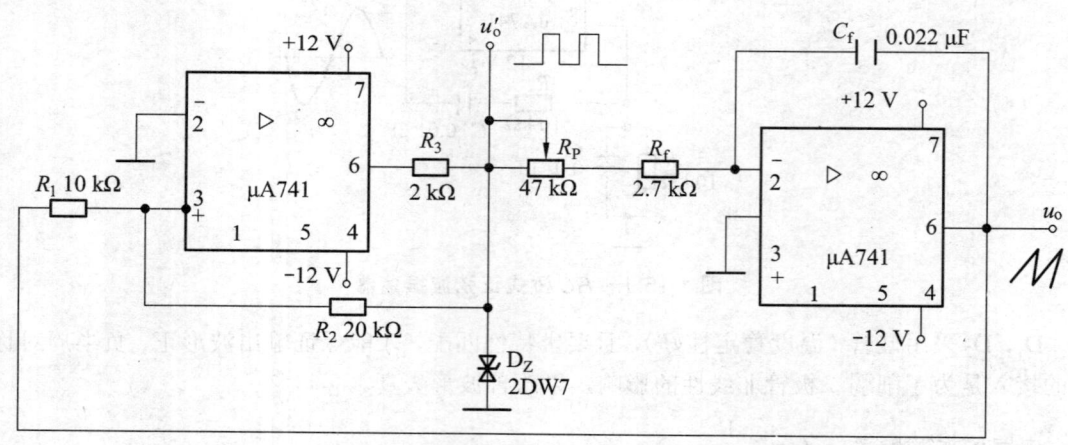

图 1.15.3　三角波和方波发生器

电路的振荡频率：$f_0 = \dfrac{R_2}{4R_1(R_f + R_P)C_f}$

方波的幅值：$u'_{o\max} = \pm U_Z$

三角波的幅值：$u_{o\max} = \dfrac{R_1}{R_2} U_Z$

调节 R_P，可以改变振荡频率；改变比值 $\dfrac{R_1}{R_2}$，可调节三角波的幅值。

三、实验设备与器件

±12 V 直流电源；双踪示波器；交流毫伏表；频率计；集成运算放大器 μ741×2，电阻、电容若干。

四、实验内容

1. RC 桥式正弦波振荡器

按图 1.15.1 连接实验电路，输出端接示波器。

① 接通±12 V 电源，调节电位器 R_P，使输出波形从无到有，从正弦波到出现失真。描绘 u_o 的波形，记下临界起振、正弦波输出及失真情况下的 R_P 值，分析负反馈强弱对起振条件及输出波形的影响。

② 调节电位器 R_P，使输出电压 u_o 幅值最大且不失真，用交流毫伏表分别测量输出电压 u_o、反馈电压 U_+ 和 U_-，分析研究振荡的幅值条件。

③ 用示波器或频率计测量振荡频率 f_0，然后在选频网络的两个电阻 R 上并联同一阻值电阻，观察记录振荡频率的变化情况，并与理论值进行比较。

④ 断开二极管 D_1、D_2，重复步骤②，将测试结果与步骤②的进行比较，分析 D_1、D_2 的稳幅作用。

2. 方波发生器

按图 1.15.2 连接实验电路。

① 将电位器 R_P 调至中心位置，用双踪示波器观察并描绘方波 u_o 及三角波 u_c 的波形（注意对应关系），测量幅值和频率，并作记录。

② 改变 R_P 动点的位置，观察 u_o、u_c 幅值及频率变化情况。把动点调至最上端和最下端，测出频率范围，并作记录。

③ 将 R_P 恢复至中心位置，将一只稳压管短接，观察 u_o 波形，分析 D_2 的限幅作用。

3. 三角波和方波发生器

按图 1.15.3 连接实验电路。

① 将电位器 R_P 调至合适位置，用双踪示波器观察并描绘三角波输出 u_o 及方波输出 u'_o，测量幅值，频率及 R_P 值，并作记录。

② 改变 R_P 的位置，观察其对 u_o、u'_o 幅值及频率的影响。

③ 改变 R_1（或 R_2），观察其对 u_o、u'_o 幅值及频率的影响。

五、预习要求

① 复习有关 RC 正弦波振荡器、三角波及方波发生器的工作原理，并估算图 1.15.1～1.15.3 所示。电路的振荡频率。

② 设计实验表格。

六、思考题

① 为什么在 RC 正弦波振荡电路中要引入负反馈支路？为什么要增加二极管 D_1 和 D_2？它们是怎样稳幅的？
② 电路参数变化对图 1.15.2、图 1.15.3 产生的方波和三角波频率及电压幅值有什么影响？
③ 在波形发生器各电路中，"相位补偿"和"调零"是否需要？为什么？
④ 怎样测量非正弦波电压的幅值？

七、实验报告要求

（1）正弦波发生器
① 列表整理实验数据，画出波形，把实测频率与理论值进行比较。
② 根据实验分析 RC 振荡器的振荡条件。
③ 讨论二极管 D_1、D_2 的稳幅作用。

（2）方波发生器
① 列表整理实验数据，在同一坐标纸上，按比例画出方波和三角波的波形图（标出时间和电压幅值）。
② 分析 R_P 变化对 u_o 波形的幅值及频率的影响。
③ 讨论 D_Z 的限幅作用。

（3）三角波和方波发生器
① 整理实验数据，把实测频率与理论值进行比较。
② 在同一坐标纸上，按比例画出三角波及方波的波形，并标明时间和电压幅值。
③ 分析电路参数变化（R_1，R_2 和 R_P）对输出波形频率及幅值的影响。

实验 16 集成运算放大器的基本应用——有源滤波器

一、实验目的

① 学会用运放、电阻和电容组成有源低通滤波器、高通滤波器、带通滤波器和带阻滤波器。

② 学习测量有源滤波器的幅频特性。

二、实验原理

本实验是用集成运算放大器和 RC 网络来组成不同性能的有源滤波电路。

1. 低通滤波器

低通滤波器是指低频信号能通过而高频信号不能通过的滤波器。用一级 RC 网络组成的低通滤波器称为一阶 RC 有源低通滤波器。为了改善滤波效果一般都采用两级 RC 网络,而且为了克服在截止频率附近的通频带范围内幅度下降过多的缺点,通常采用将第一级电容 C 的接地端改接到输出端的方式。如图 1.16.1 所示,即为一个典型的二阶有源低通滤波器。

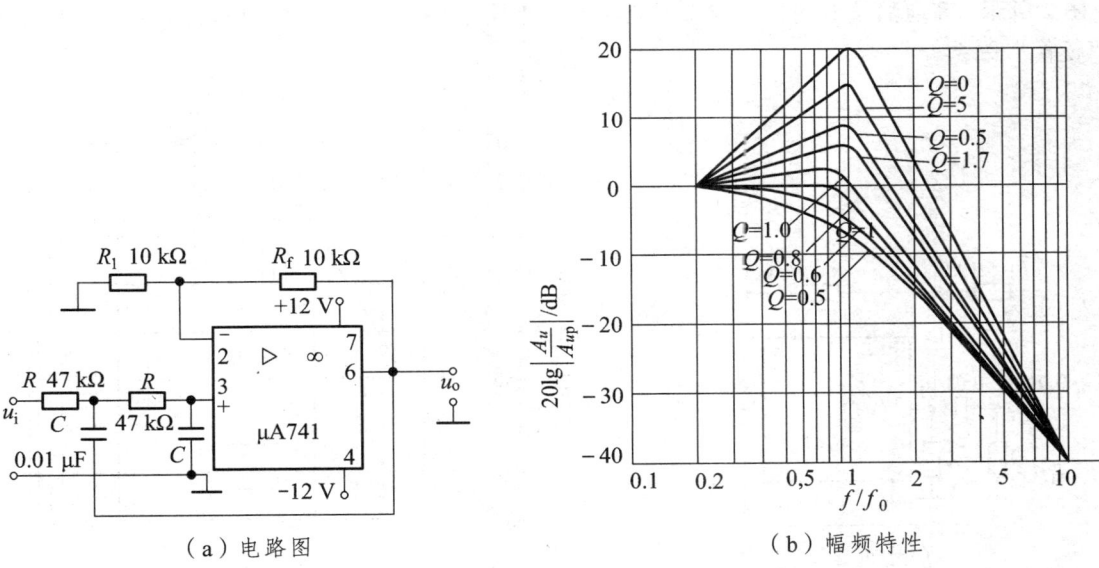

（a）电路图   （b）幅频特性

图 1.16.1 二阶低通滤波器

其主要性能参数有:

① 通带电压放大倍数:

$$A_{up} = 1 + \frac{R_f}{R_1}$$

② 传递函数:

$$A_u(s) = \frac{A_{up}}{1+(3-A_{up})sCR+(sCR)^2}$$

③ 频率特性：

将上式中的 s 换成 $j\omega$，并令 $\omega_0 = 2\pi f_0 = \dfrac{1}{RC}$，可得

$$A_u = \frac{A_{up}}{1-\left(\dfrac{f}{f_0}\right)^2 + j(3-A_{up})\dfrac{f}{f_0}}$$

当 $f = f_0$ 时，$Q = \dfrac{1}{3-A_{up}}$，其幅频特性为

$$A_u = \frac{A_{up}}{1-\left(\dfrac{f}{f_0}\right)^2 + j\dfrac{1}{Q}\cdot\dfrac{f}{f_0}}$$

其中：$\omega_0 = 2\pi f_0 = \dfrac{1}{RC}$，为截止频率，它是二阶低通频滤波器通频带界限频率；$Q = \dfrac{1}{3-A_{up}}$，为品质因数，它的大小影响低通滤波器在截止频率处的幅频特性的形状。

2. 高通滤波器

只要将低通滤波电路中起滤波作用的电阻、电容互换，即可变成有源高通滤波器，如图 1.16.2 所示。高通滤波器的性能与低通滤波器的相反，其频率响应和低通滤波器的频率响应是"镜像"关系。

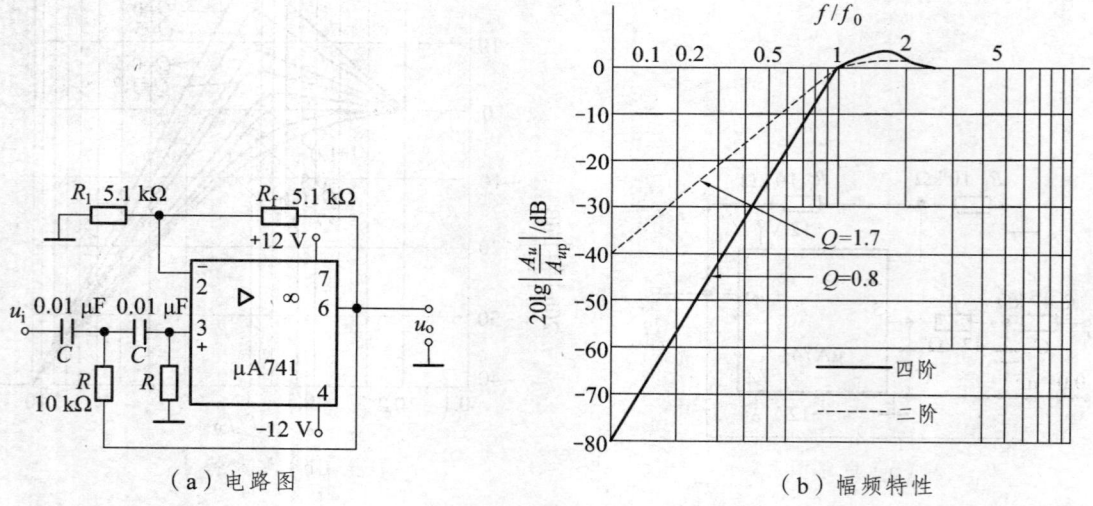

（a）电路图　　　　　　　　　　　（b）幅频特性

图 1.16.2　高通滤波器

其主要性能参数有：

① 通带电压放大倍数：

$$A_{up} = 1 + \frac{R_f}{R_1}$$

② 传递函数：

$$A_u(s) = \frac{(sCR)^2}{1+(3-A_{up})sCR+(sCR)^2} A_{up}$$

③ 频率特性：

将上式中的 s 换成 $j\omega$，并令 $\omega_0 = 2\pi f_0 = \dfrac{1}{RC}$，可得

$$A_u = \frac{A_{up}}{1-\left(\dfrac{f_0}{f}\right)^2 - j(3-A_{up})\dfrac{f_0}{f}}$$

令 $Q = \dfrac{1}{3-A_{up}}$，则可得：

$$A_u = \frac{A_{up}}{1-\left(\dfrac{f_0}{f}\right)^2 - j\dfrac{1}{Q}\cdot\dfrac{f_0}{f}}$$

3. 带通滤波器

这种滤波电路的作用是只允许在某个通频带范围内的信号通过，而比通频带下限频率低和比上限频率高的信号都被阻断。将二阶低通滤波电路中的一级改成高通滤波器，即可构成典型的带通滤波器，如图 1.16.3 所示。

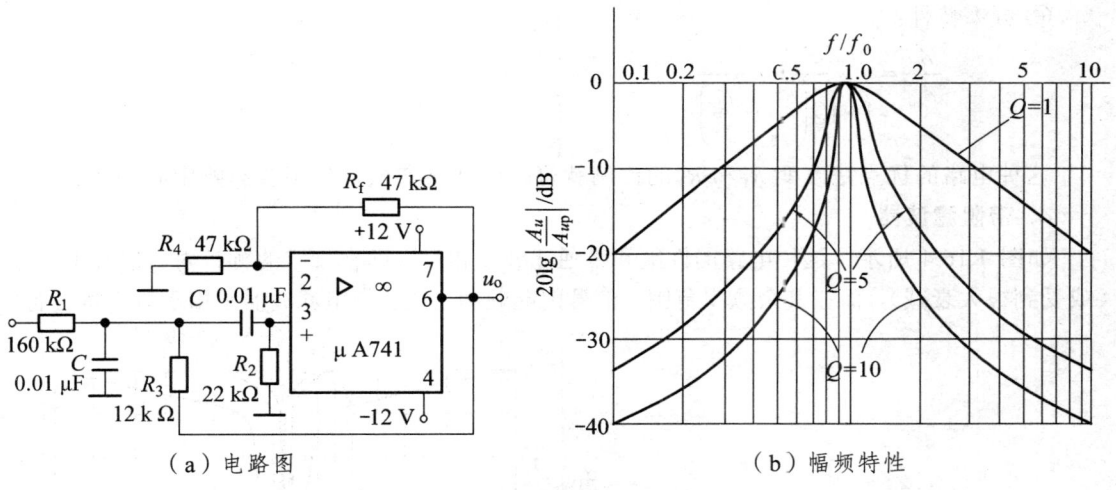

（a）电路图　　　　　　　　　　（b）幅频特性

图 1.16.3　典型二阶带通滤波器

其主要性能参数有：
① 传递函数：

$$A_u(s) = \frac{sCR}{1+(3-A_{uf})sCR+(sCR)^2} A_{uf}$$

其中　　$A_{uf} = 1 + \dfrac{R_f}{R_1}$

② 中心频率和通带电压放大倍数：

将上式中的 s 换成 $j\omega$，并令 $f_0 = \dfrac{\omega_0}{2\pi} = \dfrac{1}{2\pi RC}$，则可得

$$A_u = \frac{1}{1+j\frac{1}{3-A_{uf}}\left(\frac{f}{f_0}-\frac{f_0}{f}\right)} \cdot \frac{A_{uf}}{3-A_{uf}}$$

通带电压放大倍数是

$$A_{up} = \frac{A_{uf}}{3-A_{uf}}$$

③ 通带截止频率：

$$f_{p1} = \frac{f_0}{2}\left[\sqrt{(3-A_{uf})^2+4}-(3-A_{uf})\right]$$

$$f_{p2} = \frac{f_0}{2}\left[\sqrt{(3-A_{uf})^2+4}-(3-A_{uf})\right]$$

④ 通带宽度：

$$B = f_{p2}-f_{p1} = \left(3-\frac{R_f}{R_1}\right)f_0$$

⑤ Q 值：

$$Q = \frac{f_0}{B} = \frac{1}{2-A_{uf}}$$

⑥ 频率特性：

$$\frac{A_u}{A_{up}} = \frac{1}{1+jQ\left(\frac{f}{f_0}-\frac{f_0}{f}\right)}$$

这种电路的优点是改变 R_f 和 R_4 的比例就可改变通带宽度，但不会影响中心频率。

4. 带阻滤波器

如图 1.16.4 所示，这种电路的性能和带通滤波器相反，即在规定的频带内，信号不能通过（或受到很大衰减），而在其余频率范围，信号则能顺利通过。带阻滤波器常用于抗干扰设备中。

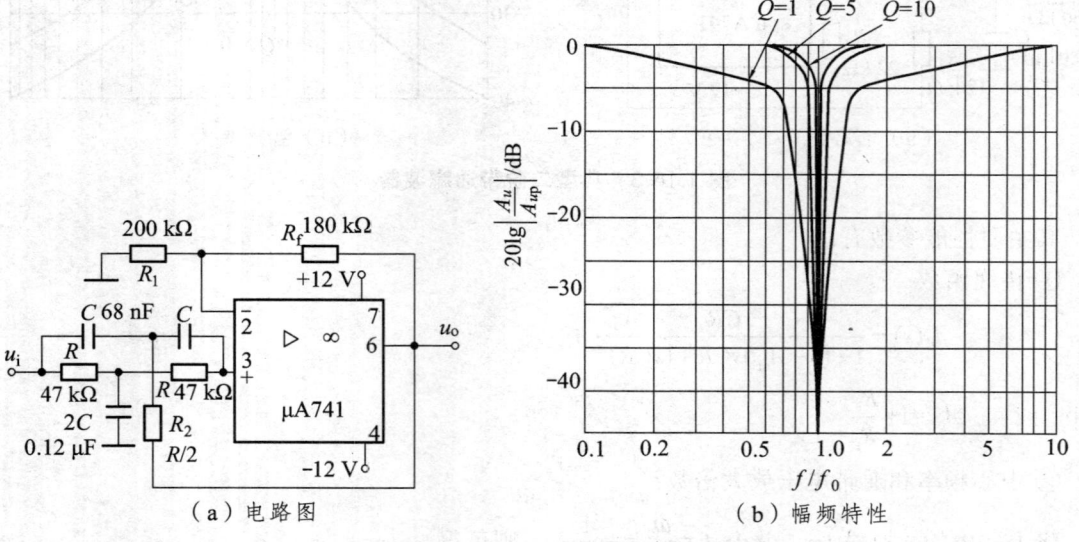

图 1.16.4 二阶带阻滤波器

其主要性能参数有：
① 通带电压放大倍数：
$$A_{up} = 1 + \frac{R_f}{R_1}$$

② 传递函数：
$$A_u(s) = \frac{1+(sCR)^2}{1+2(2-A_{up})sCR+(sCR)^2} A_{up}$$

③ 中心频率：

将上式中的 s 换成 $j\omega$，并令 $f_0 = \frac{\omega_0}{2\pi} = \frac{1}{2\pi RC}$，则可得

$$A_u = \frac{1+\left(\frac{f}{f_0}\right)^2}{1+\left(\frac{f}{f_0}\right)^2 + j2(2-A_{up})\frac{f}{f_0}} A_{up}$$

④ 通带截止频率及阻带宽度：
$$f_{p1} = \left[\sqrt{(2-A_{up})^2+1} - (2-A_{up})\right]f_0$$
$$f_{p2} = \left[\sqrt{(2-A_{up})^2+1} + (2-A_{up})\right]f_0$$
$$B = f_{p2} - f_{p1} = 2(2-A_{up})f_0$$

⑤ Q 值：
$$Q = \frac{1}{2(2-A_{up})}$$

⑥ 频率特性：
$$\frac{A_u}{A_{up}} = \frac{1}{1+j\frac{1}{Q} \cdot \frac{f \cdot f_0}{f_0^2 - f^2}}$$

三、实验设备与器件

±12 V 直流电源；函数信号发生器；双踪示波器；交流毫伏表；频率计；集成运算放大器 μA741×1，电阻、电容若干。

四、实验内容

1．二阶低通滤波器

按图 1.16.1 连接实验电路。

接通±12 V 电源，u_i 接函数信号发生器，令其输出为 1 V 的正弦波，改变其频率，并维持

u_i 不变，测量输出电压 u_o，记入表 1.16.1 中。

表 1.16.1 二阶低通滤波器测试数据

f/Hz				
u_o/V				

2. 二阶高通滤波器

按图 1.16.2 连接实验电路（$u_i=1$ V 的正弦波信号）。

按表 1.16.2 的内容进行测量，并将结果记入表 1.16.2 中。

表 1.16.2 高通滤波器测试数据

f/Hz				
u_o/V				

3. 带通滤波器

按图 1.16.3 连接实验电路，其中 $R = 160$ kΩ, $R_2 = 22$ kΩ, $R_3 = 12$ kΩ, $R_f = R_4 = 47$ kΩ, $C = 0.01$ μF 时，求出上限频率、中心频率、下限频率、Q 和增益。数据表格自拟。

① 实测电路的中心频率 f_0。
② 以实测中心频率为中心，测出电路的幅频特性。

4. 带阻滤波器

按图 1.16.4 所示的双 T 型 RC 网络连接实验电路。数据表格自拟。

① 实测电路的中心频率。
② 测出电路的幅频持性。

五、预习要求

① 复习有源滤波器的内容。
② 分析图 1.16.1、图 1.16.4 所示电路，写出它们的增益特性表达式。
③ 计算图 1.16.1、图 1.16.2 所示电路的截止频率，1.16.3、图 1.16.4 所示电路的中心频率。

六、实验报告要求

① 整理实验数据，画出各电路实测幅频特性。
② 根据实验曲线，计算截止频率、中心频率、通带或阻带宽度及品质因数。
③ 总结有源滤波电路的特性。

实验 17 场效应管放大器

一、实验目的

① 了解结型场效应管组成的放大器的性能指标。
② 熟悉放大器动态参数的测试方法。

二、实验原理

场效应管是一种电压控制型器件，按结构可分为结型和绝缘栅型两种类型。由于场效应管栅、源极之间处于绝缘或反向偏置，所以输入电阻很高（一般可达上百兆欧）；又由于场效应管是一种多数载流子控制器件，因此热稳定性好、抗辐射能力强、噪声系数小；加之制造工艺较简单，便于大规模集成，因此得到越来越广泛的应用。

1. 结型场效应管的特性和参数

场效应管的特性主要有输出特性和转移特性。图 1.17.1 所示为 N 沟道结型场效应管 3DJ6F 的输出和转移特性曲线。其直流参数主要有饱和漏极电流 I_{DSS}，夹断电压 U_{GS} 等；交流参数主要有低频跨导：

$$\left| g_m = \frac{\Delta i_D}{\Delta u_{GS}} \right|_{u_{DS}=常数}$$

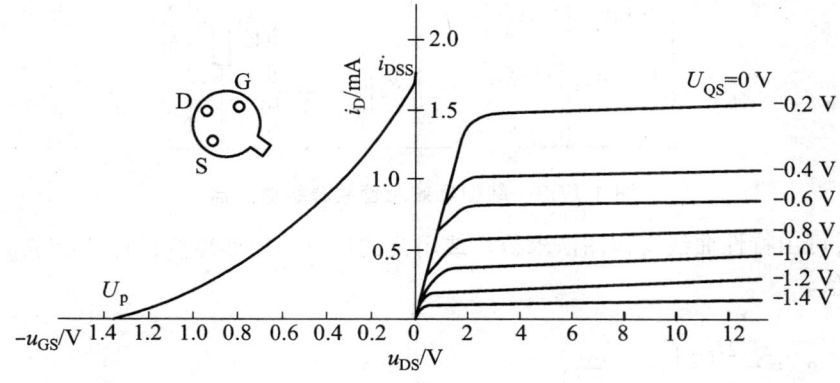

图 1.17.1 3DJ6F 的输出特性和转移特性曲线

表 1.17.1 列出了 3DJ6F 的典型参数值及测试条件。

表 1.17.1　3DJ6F 的典型参数值及测试条件

参数名称	饱和漏电流 I_{DSS}/mA	夹断电压 U_{GSO}/V	跨导 g_m/(μA/V)
测试条件	$U_{DS}=10$ V $U_{GS}=0$ V	$U_{DS}=10$ V $I_{DS}=50\ \mu$A	$U_{DS}=10$ V $I_{DS}=3$ mA $f=1$ kHz
参数值	1～3.5	<｜-9｜	>100

2. 场效应管放大器性能分析

图 1.17.2 为结型场效应管组成的共源级放大电路。其静态工作点为

$$U_{GS} = U_G - U_S = \frac{R_{g1}}{R_{g1}+R_{g2}}U_{DD} - I_D R_S$$

$$I_D = I_{DSS}\left(1-\frac{U_{GS}}{U_{GS0}}\right)^2$$

中频电压放大倍数

$$A_u = -g_m R_L' = -g_m R_D // R_L$$

输入电阻

$$R_i = R_G + R_{g1} // R_{g2}$$

输出电阻

$$R_o \approx R_D$$

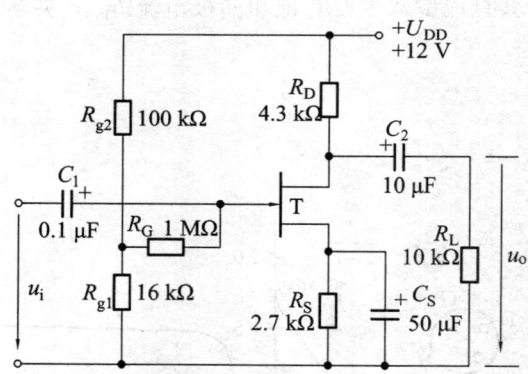

图 1.17.2　结型场效应管共源级放大器

式中跨导 g_m 可由特性曲线用作图法求得，或用公式计算。但要注意，计算时 u_{GS} 要用静态工作点处的数值。

$$g_m = -\frac{2I_{DSS}}{U_{GS}}\left(1-\frac{U_{GS}}{U_{GS0}}\right)$$

3. 输入电阻的测量方法

场效应管放大器的静态工作点、电压放大倍数和输出电阻的测量方法，与晶体管放大器

的测量方法相同。其输入电阻的测量，从原理上讲，也可采用晶体管放大器的测量方法，但由于场效应管的 R_i 比较大，如直接测量输入电压 u_s 和 u_i，则由于测量仪器的输入电阻有限，必然会带来较大的误差。因此，为了减小误差，常利用被测放大器的隔离作用，通过测量输出电压 u_o 来计算输入电阻。测量电路如图 1.17.3 所示。在放大器的输入端串入电阻 R，把开关 S 掷向位置"1"（即使 $R=0$），测量放大器的输出电压 $u_{o1}=A_u u_s$；保持 u_s 不变，再把 S 掷向"2"（即接入 R），测量放大器的输出电压 u_{o2}。由于两次测量中 A_u 和 u_s 保持不变，故

$$u_{o2} = A_u u_i = \frac{R_i}{R + R_i} u_s A_u$$

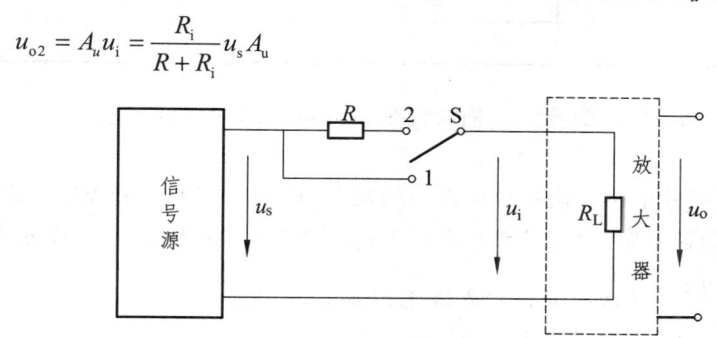

图 1.17.3　输入电阻测量电路

由此求出

$$R_i = \frac{u_{o2}}{u_{o1} - u_{o2}} R$$

式中，R 和 R_i 不要相差太大，本实验可取 $R = 100 \sim 200\ \text{k}\Omega$。

三、实验设备与器件

±12 V 直流电源；函数信号发生器；双踪示波器；交流毫伏表；直流电压表；结型场效应管 3DJ6F×1，电阻、电容若干。

四、实验内容

1. 静态工作点的测量和调整

① 用图示仪测量实验中所用场效应管的特性曲线和参数，记录下来备用。

② 按图 1.17.2 连接电路，接通 12 V 电源，用直流电压表测量 U_G，U_S 和 U_D。检查静态工作点是否在特性曲线放大区的中间部分，如合适则把结果记入表 1.17.2 中（若不合适，则适当调整 R_{g2} 和 R_S）。

表 1.17.2　静态工作点测试

测量值						计算值		
U_G/V	U_S/V	U_D/V	U_{DS}/V	U_{GS}/V	I_D/mA	U_{DS}/V	U_{GS}/V	I_D/mA

2. 电压放大倍数 A_u、输入电阻 R_i 和输出电阻 R_o 的测量

（1）A_u 和 R_o 的测量

在放大器的输入端加入 $f = 1\ \text{kHz}$，$u_i \approx 50 \sim 100\ \text{mV}$ 的正弦信号，并用示波器监视输出电压

u_o 的波形。在输出电压 u_o 没有失真的条件下,用交流毫伏表分别测量 $R_L=\infty$ 和 $R_L=10\ \text{k}\Omega$ 时的输出电压 u_o(注意保持 u_i 不变),记入表 1.17.3 中。

表 1.17.3　电压放大倍数测试

测试条件	测量值				计算值		u_i 和 u_o 波形
	u_i/mV	u_o/V	A_u	R_o/kΩ	A_u	R_o/kΩ	
$R_L=\infty$							
$R_L=10\ \text{k}\Omega$							

用示波器同时观察 u_i 和 u_o 的波形,描绘出来并分析它门的相位关系。

(2) R_i 的测量

按图 1.17.3 改接实验电路,选择合适大小的输入电压 u_s(50～100 mV)。将开关 S 掷向"1",测出 $R=0$ 时的输出电压 u_{o1},然后将开关掷向"2"(接入 R),保持 u_s 不变,再测出 u_{o2},根据公式 $R_i = \dfrac{u_{o2}}{u_{o1}-u_{o2}} R$ 求出 R_i,记入表 1.17.4 中。

表 1.17.4　R_i 的测试

测量值			计算值
u_{o1}/V	u_{o2}/V	R_i/kΩ	R_i/kΩ

五、预习要求

① 复习结型场效应管工作原理以及对电源极性的要求和性能参数的含义。

② 复习场效应管放大器工作原理,及静态工作点、电压放大倍数、输入电阻、输出电阻的测量和计算方法,并对本实验电路的上述参数进行估算。

③ 熟悉实验步骤和测试方法,试比较与三极管放大器实验方法有哪些区别。

六、思考题

① 根据场效应管放大器工作性能的测试结果分析场效应管放大器具有什么特点。输入电阻与哪些元件参数有关?放大倍数与工作点是否有关系?为什么?

② 场效应管放大器输出动态范围与什么参数有关?

七、实验报告要求

① 整理实验数据,将测得的 A_u,R_i,R_o 和理论计算值进行比较。

② 把场效应管放大器与晶体管放大器进行比较,总结场效应管放大器的特点。

③ 分析测试中的问题,总结实验收获。

实验 18 晶闸管可控整流电路

一、实验目的

① 学习单结晶体管和晶闸管的简易测试方法。
② 熟悉单结晶体管触发电路的工作原理及调试方法。
③ 熟悉用单结晶体管触发电路控制晶闸管调压电路的方法。

二、实验原理

可控整流电路的作用是将交流电压变换为可调节的直流电压。图 1.18.1 所示为单相可控桥式整流实验电路，其主电路由负载 R_L（LED 灯）和晶闸管 T_1 组成，触发电路是由单结晶体管 T_2、稳压管 ZCW54 及一些阻容元件组成的阻容移相触发电路。改变晶闸管 T_1 的导通角，便可调节主电路的可控输出整流电压或电流。这点可由负载 LED 灯的亮度变化看出来。触发脉冲的频率决定了晶闸管导通角度的大小。

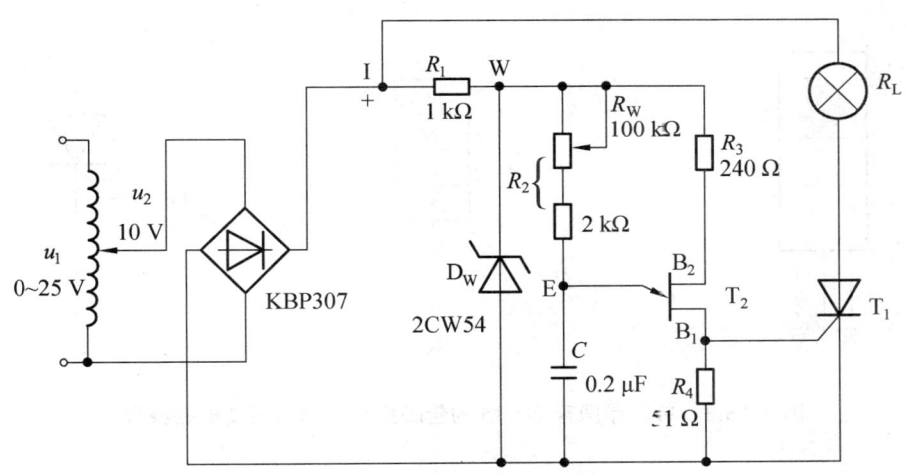

图 1.18.1 单相可控桥式整流实验电路

在触发电路中，当电容 C 的容量值固定后，触发频率的高低由电位器 R_W 决定，因此通过调节电位器 R_W，便可改变触发脉冲的频率。在每半个周期中，电容 C 有多次充放电过程，相应的每半个周期中触发电路也有多个脉冲输出，但晶闸管只由每半个周期中的第一个脉冲触发导通，后面的脉冲不起作用。改变电位器 R_W 的大小，即可实现移相控制，主电路的输出电压也随之改变，从而达到可控调压的目的。

用万用表的电阻挡可对单结晶体管和晶闸管进行简易测试。图 1.18.2 所示为单结晶体管 BT33 的管脚排列、结构图及电路符号。较好的单结晶体管的 PN 结正向电阻较小，R_{EB1} 为

8~10 kΩ，R_{EB2} 为 6~9 kΩ，且 R_{EB1} 稍大于 R_{EB2}。PN 结的反向电阻 R_{B1E}、R_{B2E} 较大，R_{B1B2} 与 R_{B2B1} 的电阻为 2~5 kΩ。根据所测阻值，即可判断各管脚及管子的质量优劣。

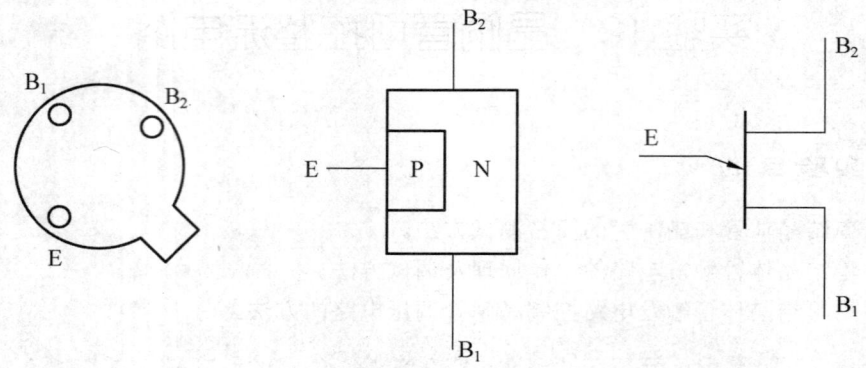

图 1.18.2　单结晶体管 BT33 的管脚排列、结构图及电路符号

图 1.18.3 所示为单向晶闸管 2P4M 的管脚排列、结构图及电路符号。

晶闸管 A、K 之间及 A、G 之间的正反向电阻 R_{AK}、R_{KA}、R_{AG}、R_{GA} 都很大，而 G、K 之间为一个 PN 结，其正向电阻为 5~6 kΩ，反向电阻很大。

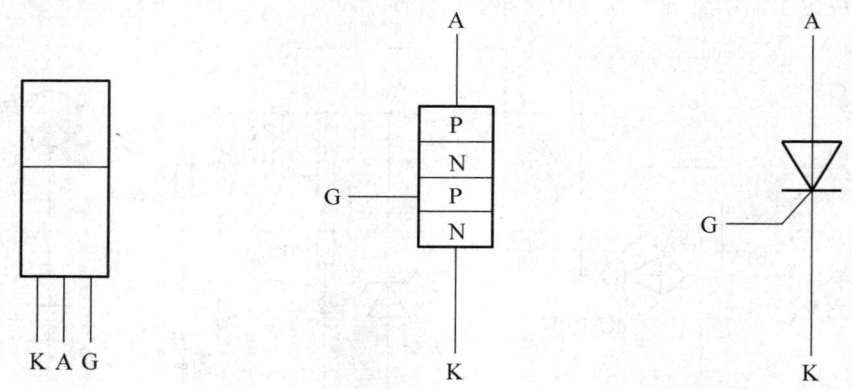

图 1.18.3　单向晶闸管 2P4M 的管脚排列、结构图及电路符号

三、实验设备与器件

±5 V、±12 V 直流稳压源；可调交流电源；万用表；双踪示波器；交流毫伏表；直流电压表；单结晶体管 BT33，稳压管 ZCW54，晶闸管 2P4M，桥式整流二极管 KBP307（集成电路），LED 灯，电阻、电容若干。

四、实验内容

1. 单结晶体管的简易测试

用万用表 R×1 kΩ 挡分别测量 E 与 B_1、B_2 间的正、反向电阻，记入表 1.18.1 中。

表 1.18.1　单结晶体管测试值

R_{EB1}/kΩ	R_{EB2}/kΩ	R_{B1E}/kΩ	R_{B2E}/kΩ	结论

2. 晶闸管的简易测试

用万用表 $R×1$ kΩ 挡分别测量 A 与 K、G 之间的正、反向电阻，并测量 G、K 之间的正、反向电阻，记入表 1.18.2 中。

表 1.18.2　晶闸管测试值

R_{AK}/kΩ	R_{KA}/kΩ	R_{AG}/kΩ	R_{GA}/kΩ	R_{GK}/kΩ	R_{KG}/kΩ	结论

3. 晶闸管可控整流电路测试

① 开启实验台总电源，用交流毫伏表测量交流 0~25 V(U_a)输出，调到 10 V。

② 关掉交流 10 V 电源，按图 1.18.1 连接实验电路，确认实验电路无误后，接通交流 10 V 电源，观察 LED 灯是否点亮。若不亮，则调整 R_W 值，使 LED 灯亮度适中。用交流毫伏表测量 u_2=____V，用直流电压表测量 U_I=____V，U_W=____V。

用示波器测量 u_2、U_I、U_W、U_E、U_{B1} 的波形，并将波形记入表 1.18.3 中。

表 1.18.3　晶闸管可控整流电路测试值

u_2	U_I	U_W	U_E	U_{B1}

③ 调节电位器 R_W，用双踪示波器同时观察 U_E 及 U_{B1} 波形的变化，使 LED 灯由最暗到最亮，用示波器观察晶闸管两端电压 U_{T1},负载两端电压 U_L,并测量负载两端直流电压 U_L,记入表 1.18.4 中。

表 1.18.4　晶闸管可控整流电路输出参数测量值

参数	最暗	最亮
U_L/V		
U_L 波形		
U_{T1} 波形		

4. 晶闸管导通、关断条件测试

断开 ±12 V 和 ±5 V 直流电压，按图 1.18.4 连接实验电路，确认实验电路无误后，接通 ±12 V 和 ±5 V 直流电源。

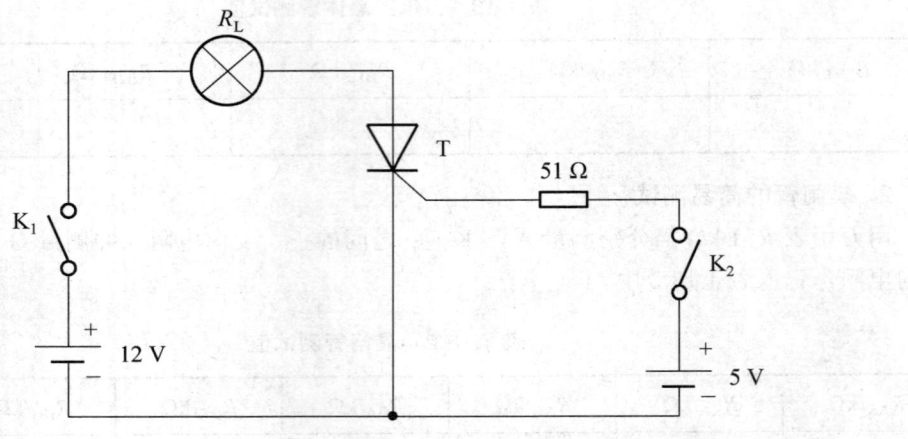

图 1.18.4　晶闸管导通，关断实验电路图

合上 K_1，观察灯 R_L 亮否；再合上 K_2，观察灯 R_L 亮否；然后断开 K_2，观察灯有什么变化；再断开 K_1，观察灯又有什么变化。

五、预习要求

① 复习单结晶体管和晶闸管的结构。
② 复习晶闸管可控整流的相关内容。

六、思考题

① 为什么可控整流电路必须保证触发电路与主电路同步？本电路是如何实现同步的？
② 能否用双踪示波器同时观察 U_2 和 U_L 或 U_{T1} 的波形？为什么？

七、实验报告要求

① 画出实验中记录的波形，整理实验数据。
② 总结晶闸管导通、关断的基本条件。
③ 分析实验中出现的异常现象。

实验 19 综合实验

一、实验目的
① 设计由运算放大器组成的万用电表。
② 对电路进行组装与调试。

二、设计要求
直流电压表：满量程+6 V。
直流电流表：满量程 10 mA。
交流电压表：满量程 6 V，50 Hz～1 kHz。
交流电流表：满量程 10 mA。
欧姆表：满量程分别为 1 kΩ，10 kΩ，100 kΩ。

三、万用电表工作原理及参考电路

在测量过程中，电表的接入应不影响被测电路的原工作状态，这就要求电压表具有无穷大的输入电阻，电流表的内阻为零。但实际上，万用电表表头的可动线圈总有一定的电阻，例如，100 μA 的表头，其内阻约为 1 kΩ，用它进行测量时将影响被测参数从而引起误差。此外，交流电表中的整流二极管的压降和非线性特性也会产生误差。如果在万用表中使用运算放大器，不仅能得到线性刻度，还能实现自动调零。

1. 直流电压表
图 1.19.1 为同相端输入、高精度直流电压表电路原理图。

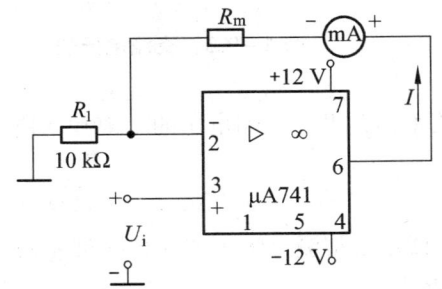

图 1.19.1 直流电压表

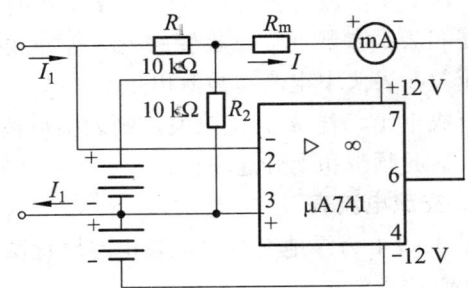

图 1.19.2 直流电流表

为了减小表头参数对测量精度的影响，将表头置于运算放大器的反馈回路中，这时，流经表头的电流与表头的参数无关，只要改变 R_1 就可进行量程的切换。

表头电流 I 与被测电压 U_i 的关系为

$$I = \frac{1}{R_1}U_i$$

应当指出：图 1.19.1 适用于测量电路与运算放大器共地的有关电路。此外，当被测电压较高时，在运放的输入端应设置衰减器。

2. 直流电流表

图 1.19.2 是浮地直流电流表的电路原理图。在电流测量中，浮地电流的测量是普遍存在的，例如，若被测电流无接地点，就属于这种情况。为此，应把运算放大器的电源对地浮地，按此种方法构成的电流表就像常规电流表那样，可以串联在任何电流通路中测量电流。

表头电流 I 与被测电流 I_1 间关系为：

$$-I_1 R_1 = (I_1 - I)R_2$$

所以

$$I = \left(1 + \frac{R_1}{R_2}\right)I_1$$

可见，改变电阻比（R_1/R_2），可调节流过电流表的电流，以提高灵敏度。如果被测电流较大，应给电流表表头并联分流电阻。

3. 交流电压表

由运算放大器、二极管整流桥和直流毫安表组成的交流电压表如图 1.19.3 所示。被测交流电压 u_i 加到运算放大器的同相端，故有很高的输入阻抗。又因为负反馈能减小反馈回路的非线性影响，故把二极管桥路和表头置于运算放大器的反馈回路中，以减小二极管本身非线性的影响。

表头电流 I 与被测电压 u_i 的关系为

$$i = u_i / R_1$$

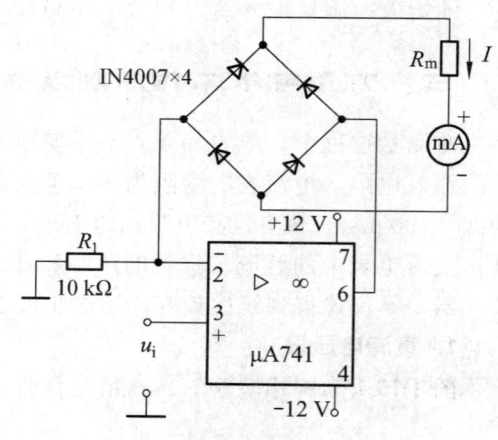

图 1.19.3　交流电压表

电流 I 全部流过桥路，其值仅与 u_i/R_1 有关，与桥路和表头参数（如二极管的死区等非线性参数）无关。表头中电流与被测电压 u_i 的全波整流平均值成正比，若 u_i 为正弦波，则表头可按有效值来标刻度。被测电压的上限频率决定于运算放大器的频带和上升速率。

4. 交流电流表

图 1.19.4 为浮地交流电流表电路原理图，表头读数由被测交流电流 i 的全波整流平均值 I_{1AV} 决定，即

$$I = \left(1 + \frac{R_1}{R_2}\right)I_{1AV}$$

如果被测电流 i 为正弦电流，即

$$i = \sqrt{2}I_1 \sin\omega t$$

则上式可写为

$$I = 0.9\left(1 + \frac{R_1}{R_2}\right)I_1$$

故表头可按有效值来标刻度。

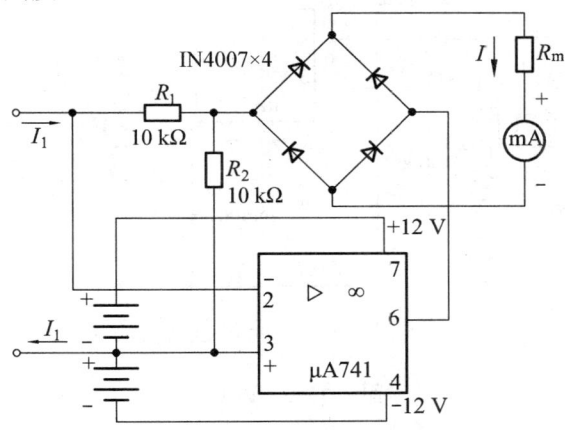

图 1.19.4　交流电流表

5. 欧姆表

图 1.19.5 所示为多量程的欧姆表电路原理图。

在此电路中，运算放大器改由单电源供电，被测电阻 R_x 跨接在运算放大器的反馈回路中，同相端加基准电压 U_{REF}。

因为
$$U_P = U_N = U_{REF}$$

$$I_1 = I_x$$

$$\frac{U_{REF}}{R_1} = \frac{U_o - U_{REF}}{R_x}$$

所以
$$R_x = \frac{R_1}{U_{REF}}(U_o - U_{REF})$$

流经表头的电流 I 为

$$I = \frac{U_o - U_{REF}}{R_2 + R_m}$$

由上两式消去 $(U_o - U_{REF})$，可得

$$I = \frac{U_{REF} R_x}{R_1 (R_m + R_2)}$$

可见，电流 I 与被测电阻成正比，而且表头具有线性刻度，改变 R_1 值，可改变欧姆表的量程。这种欧姆表能自动调零，当 $R_x=0$ 时，电路变成电压跟随器；$U_o = U_{REF}$，故表头电流为零，从而实现了自动调零。

二极管 D 起保护电表的作用，如果有 D，当 R_x 超量程时，特别是当 $R_x \to \infty$ 时，运算放大器的输出电压将接近电源电压，使表头过载。有了 D 就可使输出钳位，防止表头过载。调整

R_2,可实现满量程调节。

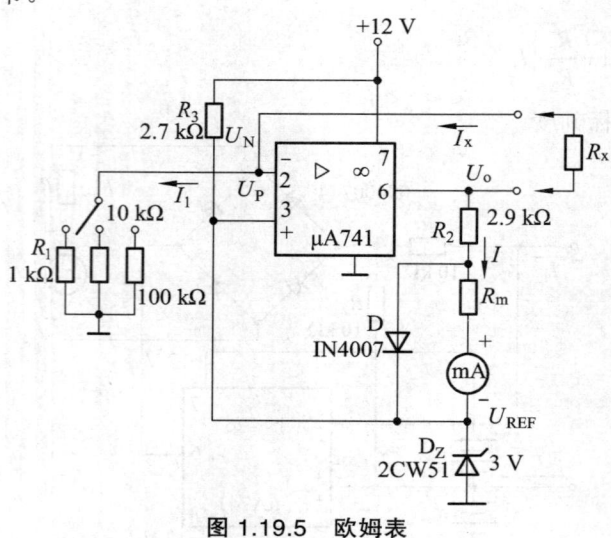

图 1.19.5 欧姆表

四、电路设计

① 万用电表的电路是多种多样的,建议用参考电路设计一只较完整的万用表。
② 万用电表进行电压、电流或欧姆等功能挡位切换时,以及进行量程切换时应用开关切换,但实验时可用引线切换。

五、实验元器件选择

表头:灵敏度为 1 mA,内阻为 100 Ω。
运算放大器:μA741。
电阻:均采用 1/4W 的金属膜电阻。
二极管:IN4007。
稳压管:2CW51。

六、注意事项

① 在连接电源时,正、负电源连接点上各接大容量的滤波电容器和 0.01～0.1μF 的小电容,以消除通过电源产生的干扰。
② 万用电表的电性能测试要用标准电压、电流表校正,欧姆表用标准电阻校正。

七、实验报告要求

① 画出完整的万用电表设计电路原理图。
② 将万用电表与标准表作测试比较,计算万用表各功能挡的相对误差,分析误差原因。
③ 试对设计的电路提出改进建议。
④ 总结本次实验的收获与体会。

第2篇 数字电子技术基础实验

实验1　晶体管开关特性、限幅器与钳位器

一、实验目的

① 观察晶体二极管、晶体三极管的开关特性，熟悉外电路参数变化对晶体管开关特性的影响。

② 掌握限幅器和钳位器的工作原理。

二、实验原理

二极管的开关过程是结电容充、放电和 P 区、N 区电荷存储与消散的过程。二极管的开启和关断不可能在瞬间完成。如图 2.1.1 所示，当加在二极管上的电压突然由正向偏置变为反向偏置时，二极管的截止过程存在反向恢复时间 $t_R = t_s + t_f$，其中 t_s 称为存储时间，t_f 称为下降时间。t_s 和 t_f 值的大小取决于二极管的结构，同时也与外电路的参数有关。二极管正向电流越大，t_s 值越大；所加截止偏压越大，t_s 值越小。t_R 的存在限制了开关速度的提高，所以应合理选择电路元件参数，减小二极管的开关时间，提高开关速度。

三极管的开关过程主要与三极管内部存储电荷（主要是基区存储电荷）的建立和消散过程有关，因此三极管从截止到饱和与从饱和到截止状态的转换都需要一定的时间。三极管的开关特性如图 2.1.2 所示，其中开启时间 $t_{on} = t_d$（延迟时间）$+ t_r$（上升时

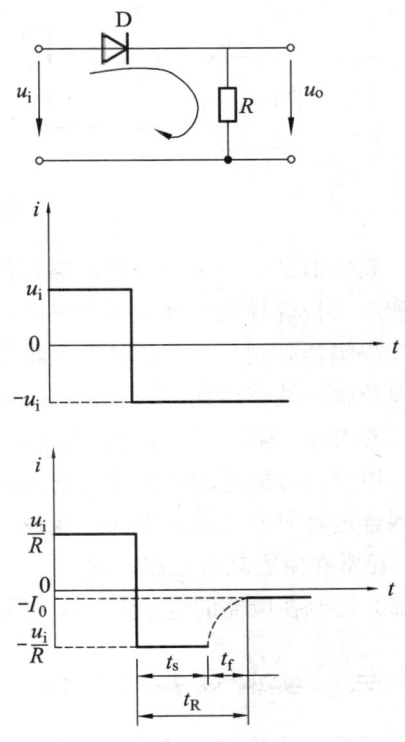

图 2.1.1　二级管开关特性

间）；关闭时间 $t_{off}=t_s+t_f$。与二极管的开关参数一样，这些参数也主要取决于晶体管的内部结构，同时与外电路的参数有关。例如，加大基极正向驱动电流可以减小 t_r，但同时加深了晶体管的饱和程度，t_s 也随之增加；而若加大反向驱动电流，t_s 和 t_f 都将减小，但截止程度也相应加深，对减小 t_d 不利。开关时间的存在使晶体管开关速度受到限制，为了减小开关时间，应选择合适的负载电阻 R_c，减小输出电容 C_o。此外，在基极串联电阻上并联一个加速电容，或在集电极接入限幅二极管 D，都可以使输出波形的边沿得到明显的改善。

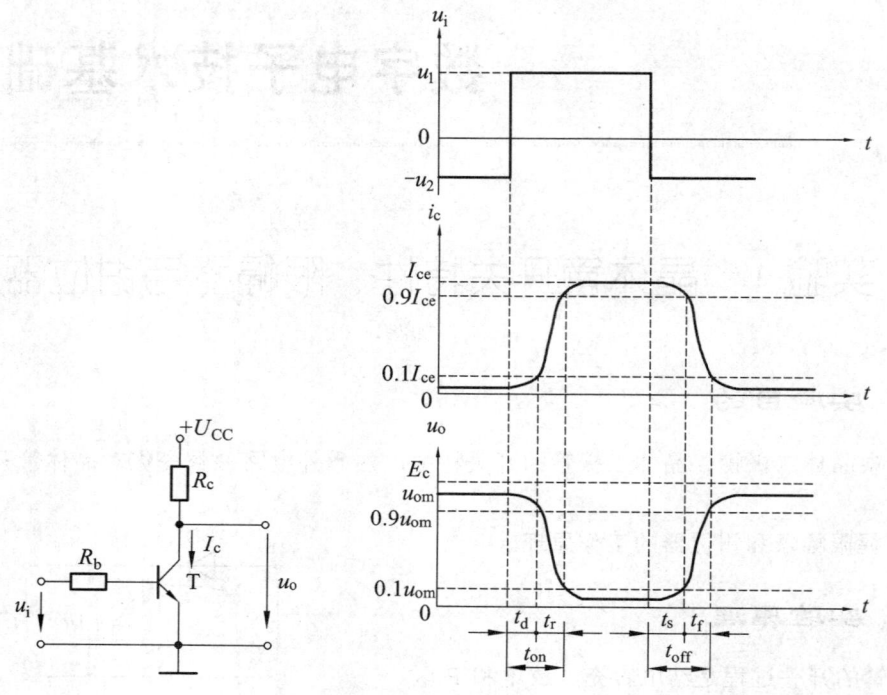

图 2.1.2　晶体管开关特性

限幅器是一种波形变换电路，可以用二极管和三极管等非线性器件构成。二极管限幅器是利用二极管导通、截止时呈现的阻抗不同来实现限幅的，其限幅电平由外接偏压决定。三极管限幅器则利用三极管的截止特性或饱和特性实现限幅。由于三极管具有倒相作用，截止限幅使输出波形出现平顶，饱和限幅使输出波形出现平底，如同时利用这两个特性，可以实现双向限幅。若使三极管的静态工作点处于负载线线性区的中点，则能实现上、下对称的限幅。

钳位的目的是将脉冲波形的顶部或底部钳制在一定的电平上，从而避免脉冲信号通过阻容耦合电路时产生的波形渐移现象。利用二极管和三极管的非线性特性均可实现对波形的钳位。通常在阻容耦合电路后面并联一个二极管，并加上适当偏压，可以将输出波形的顶部（或底部）钳制在所需的电平上，这种钳位称为顶部（或底部）钳位。

三、实验设备与器件

±5 V 直流电源；双踪示波器；连续脉冲源；函数信号发生器；直流数字电压表；2CP22，3DG6（9013），3DK2，2AK2，电阻及电容若干。

四、实验内容

1. 二极管反向恢复时间的观察

按图 2.1.3 接线，E 为偏置电压（0～2 V 可调）。

① 输入信号 u_i 为频率 f=20 kHz 的方波，E 调到 0 V，用双踪示波器观察和记录输入信号 u_i 和输出信号 u_o 的波形，并读出存储时间 t_s 和下降时间 t_f 的值。

② 改变偏置电压 E（由 0 变到 2 V），观察输出波形 u_o 的 t_s 和 t_f 的变化规律，对记录结果进行分析。

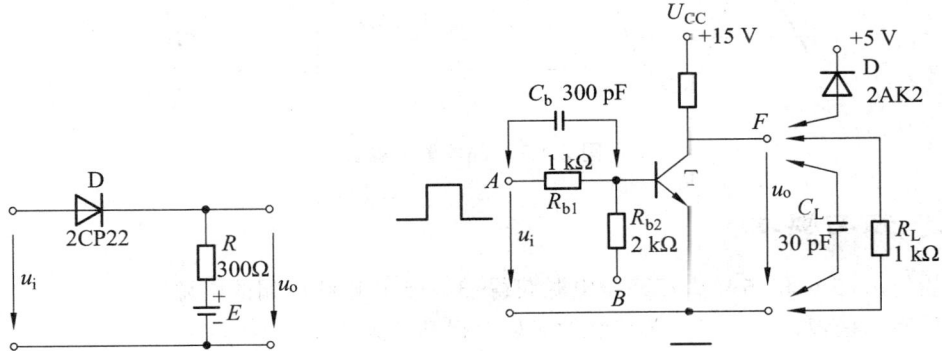

图 2.1.3　二极管开关特性实验电路　　　图 2.1.4　晶体管开关特性实验电路

2. 晶体管开关特性的观察

按图 2.1.4 接线，输入 u_i 为 f = 20 kHz 的方波信号。

① 将 B 点接至负电源 $-E_B$，使 $-E_B$ 在 0～4 V 内变化，观察并记录输出信号 u_o 波形的 t_d，t_r，t_s 和 t_f 的变化规律。

② 将 B 点换接在接地点，在 R_{b1} 上并联一个 30 pF 的加速电容 C_b，观察 C_b 对输出波形的影响，然后将 C_b 更换成 300pF，观察并记录输出波形的变化情况。

③ 去掉 C_b，在输出端接入负载 C_L=30 pF，观察并记录输出波形的变化情况。

④ 在输出端再并联一负载电阻 R_L=1 kΩ，观察并记录输出波形的变化情况。

⑤ 去掉 R_L，接入限幅二极管 T（2AK2），观察并记录输出波形的变化情况。

3. 二极管限幅器

按图 2.1.5 接线，输入 u_i 为 f = 20 kHz，U_{P-P}=4 V 的正弦波，令 E=2 V，1 V，0 V，-1 V，观察输出波形并作记录。

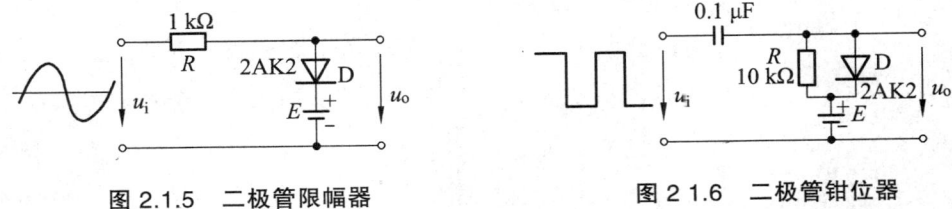

图 2.1.5　二极管限幅器　　　　　　图 2.1.6　二极管钳位器

4. 二级管钳位器

按图 2.1.6 接线，u_i 为 f = 10 kHz 的方波信号，令 E = 1 V，0 V，-1 V，-3 V，观察输出波

形，并列表记录。

5. 三极管限幅器

按图 2.1.7 接线，u_i 为正弦波，$f = 10$ kHz，U_{P-P} 在 0～5 V 范围内连续可调，在不同的输入幅度下，观察输出波形 u_o 的变化，并列表记录。

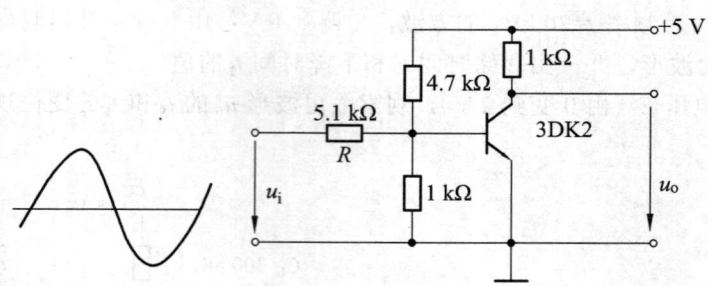

图 2.1.7　晶体管限幅器

五、预习要求

① 如何由+5 V 和-5 V 直流稳压电源获得+3～-5 V 连续可调的电源？
② 熟悉二极管、三极管开关特性的表现及提高开关速度的方法。

六、思考题

① 实验中二极管限幅器能实现何种限幅？如果二极管的极性及偏压 E 的极性都反接，输出波形会出现什么变化？
② 实验中的二级管钳位器能实现何种钳位？如果将二极管及偏压 E 的极性反接，将会出现什么现象？该电路对电容 C 和电阻 R 的取值有何要求？

七、实验报告要求

① 实验测得的波形必须画在坐标纸上，并对它们进行分析讨论。
② 总结外电路元件参数对晶体管开关特性的影响。

实验 2 TTL 集成逻辑门的逻辑功能与参数测试

一、实验目的

① 掌握 TTL 与非门逻辑功能的测试方法。
② 熟悉 TTL 与非门主要参数的测试方法。

二、实验原理

本实验采用 4 输入双与非门 TO63（同 74LS20），即在一块集成块内含有两个互相独立的与非门，是一种中速 4 输入端与非门。其电路图与外引线排列图如图 2.2.1 所示。

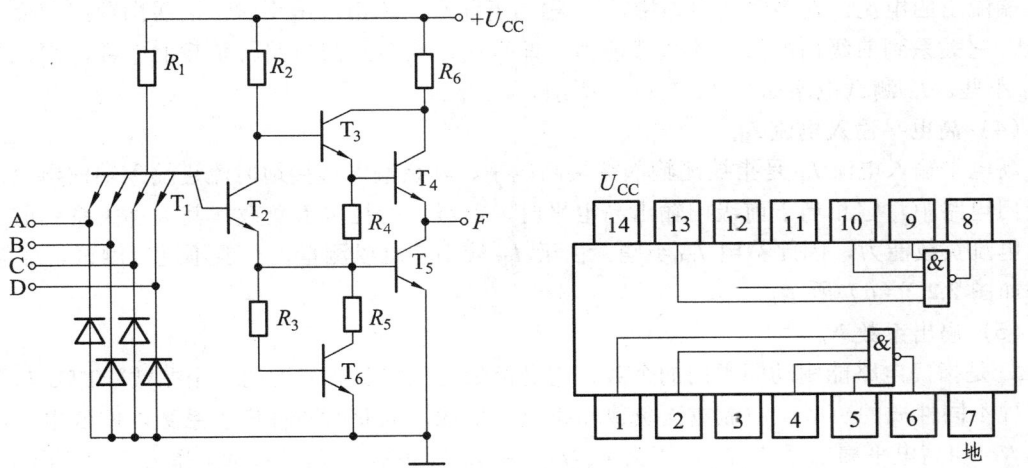

图 2.2.1 TO63（同 74LS20）与非门电路图与外引线排列图

1. 与非门的逻辑功能

与非门的逻辑功能是：当输入端中有一个或一个以上是低电平时，输出端为高电平；只有当输入端全部为高电平时，输出端才是低电平（即有"0"得"1"，全"1"得"0"。），其逻辑表达式为 $Y=\overline{AB\cdots}$。

2. TTL 与非门的主要参数

(1) 低电平输出电源电流 I_{CCL}

低电平输出电源电流 I_{CCL} 是指所有输入端悬空、输出端空载时的电源电流。I_{CCL} 的大小标志着门电路的功耗 P_L 的大小，$P_L = U_{CC} I_{CCL}$。由于电路导通时的功耗大于电路截止时的功耗，所以手册中的规范值通常只列出 I_{CCL} 的数值。I_{CCL} 测试电路如图 2.2.2（a）所示。

(2) 高电平输出电源电流 I_{CCH}

高电平输出电源电流 I_{CCH} 是指输出端空载，每个门各有一个以上的输入端接地，电源供给器件的电流。通常 $I_{CCL} > I_{CCH}$，I_{CCH} 也标志器件静态功耗的大小。I_{CCH} 测试电路如图 2.2.2（b）

所示。

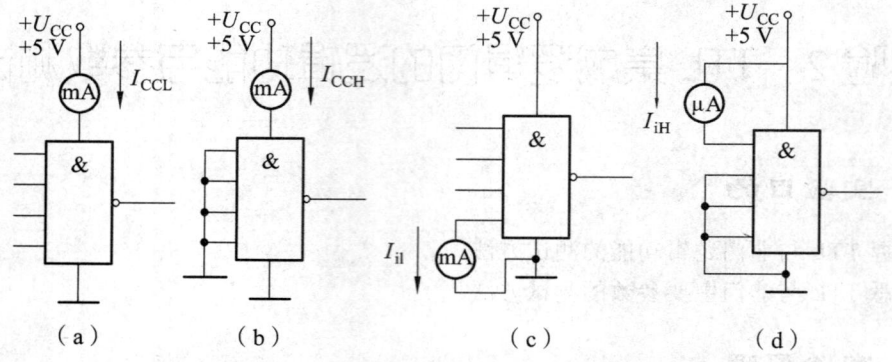

图 2.2.2　TTL 与非门静态参数测试电路图

（3）低电平输入电流 I_{iL}

低电平输入电流 I_{iL} 又称输入短路电流，是指被测输入端接地，其余输入端悬空时由被测输入端流出的电流。在多级门电路中，I_{iL} 相当于前级门输出低电平时，后级向前级门灌入的电流，它关系到前级门的灌电流负载能力，即直接影响前级门电路带负载的个数，因此都希望 I_{iL} 小些。I_{iL} 测试电路如图 2.2.2（c）所示。

（4）高电平输入电流 I_{iH}

高电平输入电流 I_{iH} 是指被测输入端接高电平、其余输入端接地时流进输入端的电流。在多级门电路中，它相当于前级门输出高电平时，前级门的拉电流负载，其大小关系到前级门的拉电流负载能力，因此希望 I_{iH} 小些。由于 I_{iH} 较小，难以测量，一般不进行测试。I_{iH} 测试电路如图 2.2.2（d）所示。

（5）扇出系数 N_o

N_o 是指门电路能驱动同类门的个数，它是衡量门电路负载能力的一个参数。TTL 与非门有两种不同性质的负载，即灌电流负载和拉电流负载，因此有两种扇出系数，即低电平扇出系数 N_{oL} 和高电平扇出系数 N_{oH}。因为 $I_{iH}<I_{iL}$，所以 $N_{oH}>N_{oL}$，故常以 N_{oL} 作为门的扇出系数。

N_{oL} 的测试电路如图 2.2.3 所示，门的输入端全部悬空，输出端接灌电流负载 R_P。调节 R_P 使 I_{oL} 增大，U_{oL} 随之增高，当 U_{oL} 达到 U_{oLm}（手册中规定低电平规范值 0.4 V）时的 I_{oL} 就是允许灌入的最大负载电流，则 $N_{oL} = \dfrac{I_{oL}}{I_{iL}}$，通常 $N_{oL}>8$。

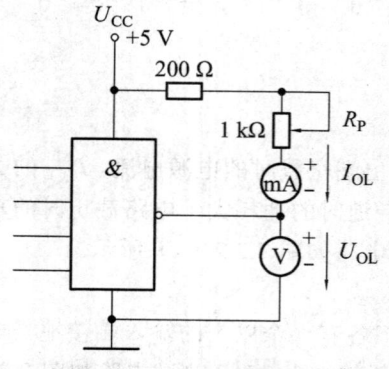

图 2.2.3　扇出系数测试电路

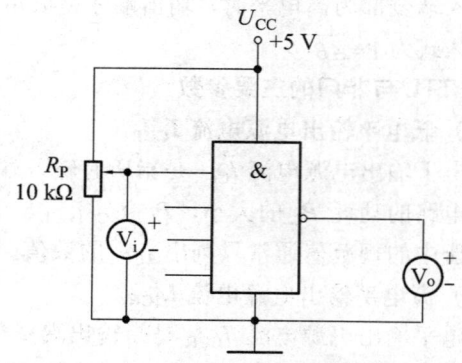

图 2.2.4　传输特性测试电路

(6) 电压传输特性

电压传输特性是反映输出电压 u_o 与输入电压 u_i 之间关系的特性曲线。从电压传输特性上可以读出输出高电平 U_{oH}、输出低电平 U_{oL}、开门电平 U_{on}、关门电平 U_{off}、阈值电平 U_T 以及干扰容限等参数。

① 输出高电平 U_{oH} 是指与非门有一个以上输入端接地或接低电平时的输出电平值。此时门电路处于截止状态。如输出空载，U_{oH} 约 3.6 V。当输出端接有拉电流负载时，U_{oH} 将下降。

② 输出低电平 U_{oL} 是指与非门的所有输入端均接高电平时的输出电平值。此时门电路处于导通状态。如输出空载，U_{oL} 约为 0.1 V。当输出接有灌电流负载时，U_{oL} 将上升。

③ 开门电平 U_{on} 是指输出为标准低电平时，允许输入高电平的最低电平值。只要输入电平稍低于 U_{on}，输出将超出标准的低电平。通常 $U_{on} \leq 1.8$ V（测量时可用 $U_{oL}=0.4$ V 所对应的输入电平作为 U_{on}）。

④ 关门电平 U_{off} 是指输出为标准高电平时，允许输入低电平的最大值。只要输入电平稍高于 U_{off}，输出将低于标准的高电平。通常 $U_{off} \geq 1.0$ V（测量时可用 $U_{oH}=2.7$ V 或 2.4 V 所对应的输入电平作为 U_{off}）。

⑤ 阈值电平 U_T 是指与非门的工作点处于电压传输特性中输出电平迅速变化区（转折区）中点时的输入电平值。当与非门工作于这一电平时，输入信号的微小变化将引起电路状态的迅速改变。不同电路的 U_T 值略有差异，一般在 1.35 V 左右。

(7) 平均传输延迟时间 t_{pd}

t_{pd} 是衡量门电路开关速度的参数，是指输出波形边沿的 $0.5U_m$ 点至输入波形对应边沿 $0.5U_m$ 点的时间间隔，如图 2.2.5 所示。

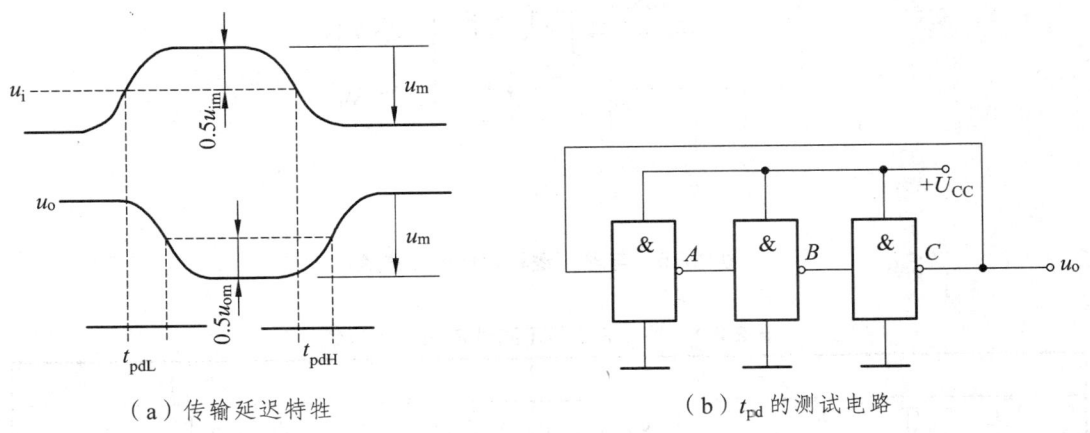

（a）传输延迟特性 　　　　　　　（b）t_{pd} 的测试电路

图 2.2.5　传输延迟特性及 t_{pd} 测试电路

图 2.2.5（a）中的 t_{pdL} 为导通延迟时间，t_{pdH} 为截止延迟时间，平均传输延迟时间为：

$$t_{pd} = \frac{1}{2}(t_{pdL} + t_{pdH})$$

t_{pd} 的测试电路如图 2.2.5（b）所示。由于 TTL 门电路的延迟时间较小，直接测量时对信号发生器和示波器的性能要求较高，故实验采用测量由奇数个与非门组成的环形振荡器的振荡周期 T 来求得。其工作原理是：假设电路在接通电源后某一瞬间，A 点的逻辑"1"经过三级门的延时后变为逻辑"0"，再经过三级门延时后，A 点电平又重新回到逻辑"1"。电路的其他各点电平也跟随变化。这说明使 A 点发生一个周期的振荡，必须经过 6 级门的延迟时间，因此平均传输延迟时间为 $t_{pd}=\dfrac{T}{6}$。

三、实验设备与器件

+5 V 直流电源；逻辑电平开关；0-1 指示器；直流数字电压表；直流毫安表；直流微安表；74LS20×2；电位器 1 kΩ，10 kΩ；电阻 200 Ω（0.5 W）。

四、实验内容

1. 验证 TTL 集成与非门 74LS20 的逻辑功能

按图 2.2.6 接线，门的四个输入端接逻辑开关输出插口，以提供"0"与"1"电平信号，开关向上，输出逻辑"1"；开关向下，输出逻辑"0"。门的输出端接由 LED 发光二极管组成的 0-1 指示器的显示插口。LED 亮的为逻辑"1"，不亮为逻辑"0"。按表 2.2.1 逐个测试集成块中两个与非门的逻辑功能。

注意：TTL 电路对电源电压要求较严，电源电压 U_{CC} 只允许在 +5(1±10%) V 的范围内工作，超过 5.5 V 将损坏器件；低于 4.5 V 器件的逻辑功能将不正常。

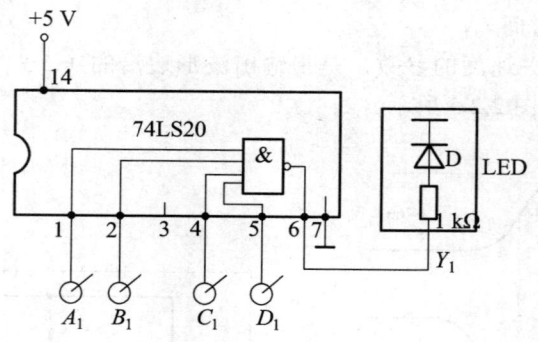

图 2.2.6　与非门逻辑功能测试电路

表 2.2.1　图 2.2.6 所示测试电路的测试值

输入				输出	
A_n	B_n	C_n	D_n	Y_1	Y_2
1	1	1	1		
0	1	1	1		
1	0	1	1		
1	1	0	1		
1	1	1	0		

2. 74LS20 主要参数测试

① 分别按图 2.2.2，2.2.3 和 2.2.5（b）接线，测试 I_{CCL}，I_{CCH}，I_{iL}，I_{oL}，N_o，t_{pd}，并将测

试结果记入表 2.2.2 中。

表 2.2.2　与非门技术指标测试值

I_{CCL}/mA	I_{CCH}/mA	I_{iL}/μA	I_{oL}/mA	$N_o=\dfrac{I_{oL}}{I_{iL}}$	$t_{pd}=\dfrac{T}{6}$

② 按图 2.2.4 接线，调节电位器 R_P，使 U_i 从 0 V 向高电平变化，逐点测量 U_i 和 U_o 的对应值，记入表 2.2.3 中。

表 2.2.3　与非门传输特性测量值

U_i/V	0	0.4	1.0	1.1	1.2	1.3	1.4	1.5	2.0	2.4	3.0	3.5	…
U_o/V													

五、思考题

① 测量扇出系数 N_o 的原理是什么？为什么只计算输出低电平时的负载电流值，而不考虑输出高电平时的负载电流？
② 为什么 TTL 电路输入端悬空相当于输入逻辑"1"电平？
③ 讨论 TTL 与或非门闲置输入端的处置方法。

六、实验报告要求

① 记录实测电路参数，并与器件规范值作比较。
② 用坐标纸画出电压传输特性曲线，从曲线中读出各有关参数值。
③ 讨论 TTL 与非门闲置输入端的各种处置方法各有什么优缺点。

七、TTL 集成电路使用规则

① 接插集成块时，要认清定位标记，不得插反。
② 电源电压使用范围为+4.5～+5.5 V，实验中要求使用+5 V，电源极性绝对不允许接错。
③ 输入端通过电阻接地，电阻值的大小将直接影响电路所处的状态。当 $R \leqslant 680\ \Omega$ 时，输入端相当于逻辑"0"；当 $R \geqslant 4.7\ k\Omega$ 时，输入端相当于逻辑"1"。对于不同系列的器件，要求的阻值不同。
④ 输出端不允许并联使用，否则不仅会使电路逻辑功能混乱，并会导致器件损坏。
⑤ 输出端不允许直接接地或直接接+5 V 电源，否则将损坏器件。有时为了使后级电路获得较高的输出电平，允许输出端通过电阻 R 接至 U_{CC}，一般取 $R=3～5.1\ k\Omega$。

实验 3　TTL 集电极开路门与三态输出门的应用

一、实验目的

① 掌握集电极开路门的逻辑功能与使用方法。
② 了解负载电阻 R_L 对集电极开路门的影响。
③ 掌握三态门的逻辑功能与使用方法。

二、实验原理

在数字系统中，有时需要把两个或两个以上集成逻辑门的输出端直接并接在一起完成一定的逻辑功能。普通 TTL 门电路的输出端是不允许直接连接的，因为它们的输出部分是推拉式电路（也称图腾柱结构），无论输出高电平还是输出低电平，输出阻抗都很低。

集电极开路门和三态输出门是两种特殊的门电路，它们的输出端允许连在一起，并能完成某些逻辑功能。

1. 集电极开路门（OC 门）

本实验所用 OC 与非门为 2 输入四与非门 74LS03，其内部电路及引脚排列如图 2.3.1（a）和（b）所示。OC 与非门的输出管 T_3 是悬空的，工作时，输出端必须通过一只外接电阻 R_L 和电源 U_{CC} 相连接，以保证输出电平符合电路要求。

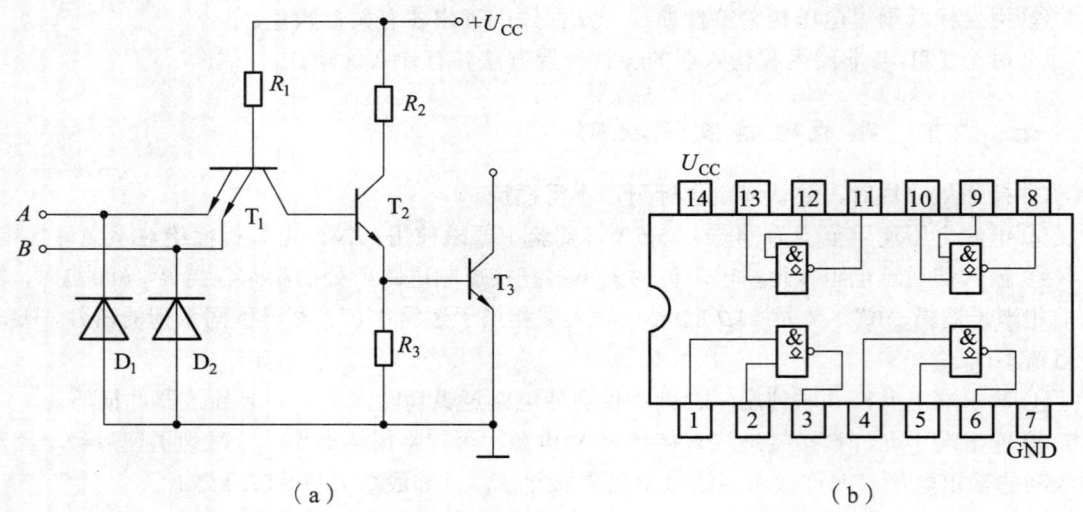

图 2.3.1　74LS03 内部结构及引脚排列

OC 门的应用主要有下述 3 个方面：
① 利用电路的"线与"特性方便地完成某些特定的逻辑功能。

如图 2.3.2 所示，将 2 个 OC 与非门输出端直接并接在一起，则它们的输出

$$F = F_A F_B = \overline{A_1 A_2} \cdot \overline{B_1 B_2} = \overline{\overline{A_1 A_2} + \overline{B_1 B_2}}$$

即把 2 个（或 2 个以上）OC 与非门"线与"可完成"与或非"的逻辑功能。

② 实现多路信息采集，使 2 路以上的信息共用一个传输通道（总线）。

③ 实现逻辑电平转换，以推动荧光数码管、继电器、MOS 器件等多种数字集成电路。

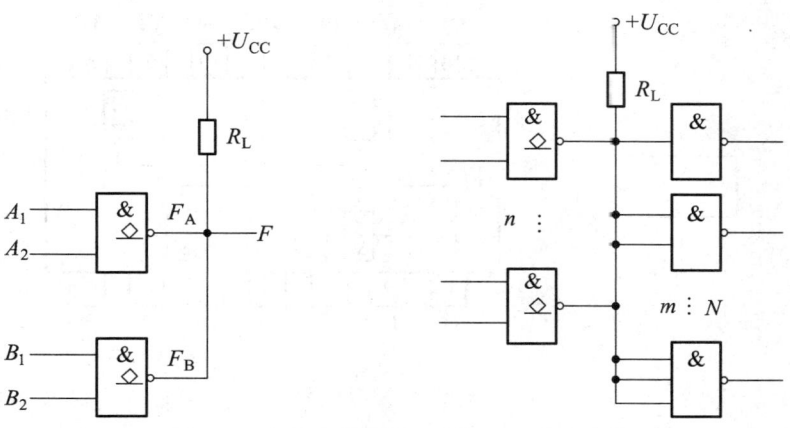

图 2.3.2　OC 与非门"线"与电路　　图 2.3.3　OC 与非门负载电阻 R_L 的确定

图 2.3.3 所示电路由 n 个 OC 与非门"线与"驱动有 m 个输入端的 N 个 TTL 与非门，为保证 OC 与非门输出电平符合逻辑要求，负载电阻 R_L 阻值的选择范围为

$$R_{L\max} = \frac{U_{CC} - U_{oH}}{nI_{oH} + mI_{iH}}$$

$$R_{L\min} = \frac{U_{CC} - U_{oL}}{I_{LM} + NI_{iL}}$$

式中　I_{oH} ——OC 门输出管截止时（输出高电平 U_{oH}）的漏电流（约 50 μA）；

I_{LM} ——OC 门输出低电平 U_{oL} 时允许最大灌入负载电流（20 mA）；

I_{iH} ——负载门高电平输入电流（<50 μA）；

I_{iL} ——负载门低电平输入电流（<1.6 mA）；

n ——OC 门个数；

N ——负载门个数；

m ——接入电路的负载门输入端总个数。

负载 R_L 的取值相当重要，它会直接影响输出波形的边沿时间。当工作速度较高时，R_L 应尽量选取接近 $R_{L\min}$。为保证 U_{oH} 不低于标准值，R_L 应小于 $R_{L\max}$，为保证 U_{oL} 不高于标准低电平，R_L 应大于 $R_{L\min}$。

除了 OC 与非门外，还有其他类型的 OC 器件，R_L 的选取方法也与此类同。

2. TTL 三态输出门（TS 门）

TTL 三态输出门是一种特殊的门电路，它与普通的 TTL 门电路结构不同，其输出端除了

具有通常的高电平与低电平两种状态外（这两种状态均为低阻状态），还有第三种输出状态——高阻状态。处于高阻状态时，电路与负载之间相当于开路。三态输出门按逻辑功能及控制方式来分有各种不同类型，本实验所用三态门是三态输出四总线缓冲器74LS125，图2.3.4（a）所示是74LS125的逻辑符号，它有一个控制端（又称禁止端或使能端）$\overline{E}$。$\overline{E}=0$ 为正常工作状态，实现 $Y=A$ 的逻辑功能；$\overline{E}=1$ 为禁止状态，输出 Y 呈现高阻状态。这种在控制端加低电平时电路才能正常工作的工作方式称为低电平使能。

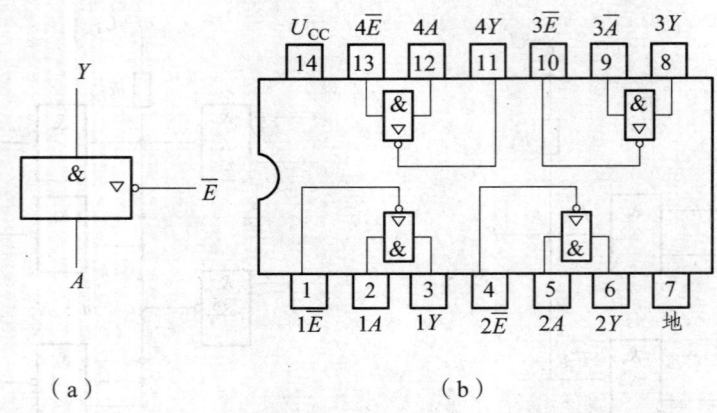

图 2.3.4 74LS125 逻辑符号及引脚排列图

图 2.3.4（b）所示为 74LS125 引脚排列图。表 2.3.1 为其真值表。

表 2.3.1 74LS125 真值表

输 入		输 出
$\overline{E}$	A	Y
0	0	0
	1	1
1	0	高阻态
	1	

三态电路的主要用途之一是实现总线传输，即用一个传输通道（称总线），以选通方式传送多路信息。如图 2.3.5 所示，电路中把若干个三态 TTL 电路输出端直接连接在一起构成三态门总线，使用时要求只有需要传输信息的三态控制端处于使能态（$\overline{E}=0$），其余各门皆处于禁止状态（$\overline{E}=1$）。由于三态门输出电路结构与普通 TTL 电路相同，显然，若同时有两个或两个以上三态门的控制端处于使能态，将出现与普通 TTL 门"线与"运用同样的问题，因而是绝对不允许的。

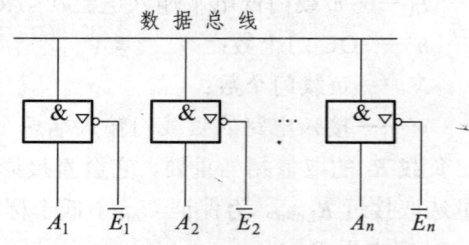

图 2.3.5 三态输出门实现总线传输

三、实验设备与器件

+5 V 直流电源；+15 V 直流电源；示波器；直流数字电压表；单次脉冲源；连续脉冲；逻辑电平开关；0-1 指示器；74LS03，74LS125，74LS04。

四、实验内容

1. TTL 集电极开路与非门 74LS03 负载电阻 R_L 的确定

用两个集电极开路与非门"线与"驱动一个 TTL 非门，按图 2.3.6 连接实验电路。负载电阻由一个 200 Ω 电阻和一个 20 kΩ 电位器串接而成，取 U_{CC}=5 V，U_{oH}=3.5 V，U_{oL}=0.3 V。接通电源，用逻辑开关改变两个 OC 门的输入状态，先使 OC 门"线与"输出高电平，调节 R_P 使 U_{oH}=3.5 V，测得此时的 R_L 即为 R_{Lmax}，再使电路输出低电平 U_{oL}=0.3 V，测得此时的 R_L 即为 R_{Lmax}。

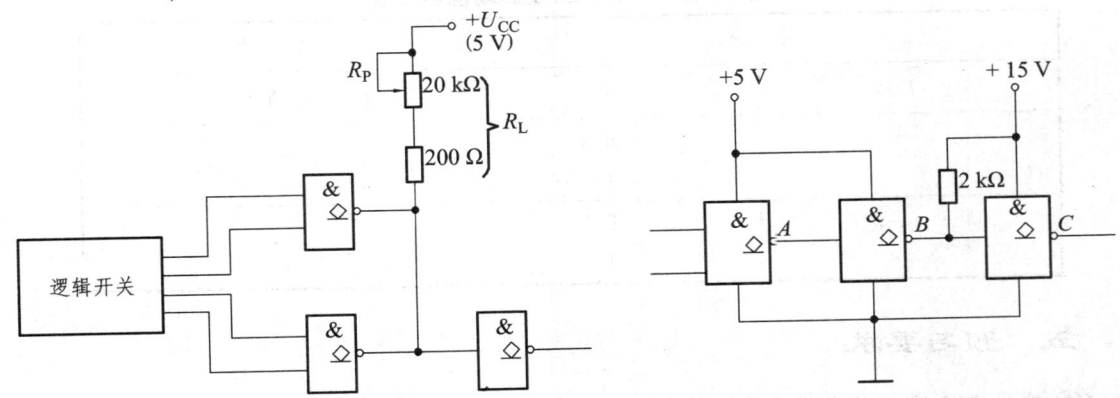

图 2.3.6　74LS03 负载电阻确定　　　　图 2.3.7　OC 门驱动 CMOS 电路接口电路

2. 集电极开路门的应用

① 用 OC 门实现 $F=AB+CD+EF$。

② 用 OC 门代替 TTL 电路驱动 CMOS 电路的接口电路，实现电平转换。实验电路如图 2.3.7 所示。

- 在电路输入端加不同的逻辑电平值，用直流数字电压表测量集电极开路与非门及 CMOS 与非门的输出电平值。
- 在电路输入端加 1 kHz 方波信号，用示波器观察 A，B，C 各点电压波形幅值的变化。

3. 三态输出门

（1）测试 74LS125 三态输出门的逻辑功能

三态输入端接逻辑开关，控制端接单脉冲源，输出端接 0-1 指示器显示插口。逐个测试集成块中 4 个门的逻辑功能，并将结果记入表 2.3.2 中。

（2）三态输出门的应用

将 4 个三态缓冲器按图 2.3.8 接线，输入端按图示加输入信号，控制端接逻辑开关，输出接 0-1 指示器显示插口。先使 4 个三态门的控制端均为高电平"1"即处于禁止状态，方可接通电源。然后轮流使其中一个门的控制端接低电平"0"，观察总线的逻辑状态，记录实验结果。注意：应先使工作的三态门转换到禁止状态，再让另一个门开始传递数据。

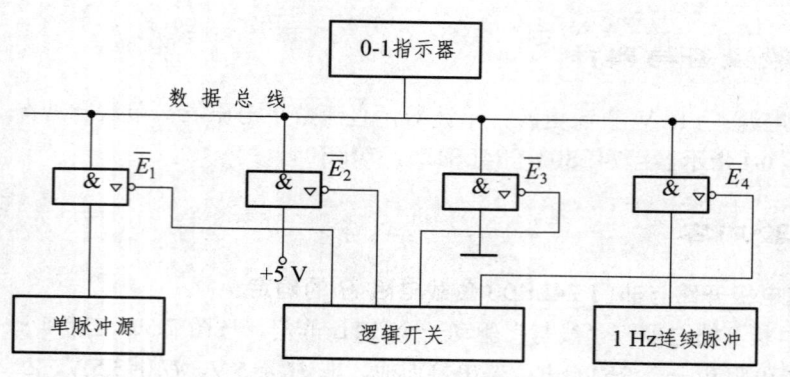

图 2.3.8 用 74LS125 实现总线传输实验电路

表 2.3.2 74LS125 逻辑功能测试值

输 入		输 出
E	A	Y
0	0	
0	1	
1	0	
1	1	

五、预习要求

① 预习 TTL 集电极开路门和三态输出门工作原理。
② 计算实验中各 R_L 阻值,并从中确定实验所用 R_L 值。

六、思考题

① 为什么计算 R_{Lmax} 时用 m,而在计算 R_{Lmin} 时用 N?
② 集电极开路门在用于多路信息采集时有何缺点?
③ 在使用总线传输时,总线上能不能同时接有集电极开路门与三态门?为什么?

七、实验报告要求

① 画出实验电路图,并标明有关外接元件值。
② 整理并分析实验结果,总结集电极开路门和三态输出门的优缺点。

实验 4 组合逻辑电路实验分析

一、实验目的

① 了解组合电路的冒险现象及消除方法。
② 掌握组合逻辑电路的分析与测试方法。

二、实验原理

组合电路的分析是根据所给的逻辑电路,写出其输入、输出之间的逻辑函数表达式或列出真值表,从而确定该电路的逻辑功能。

组合电路是最常见的逻辑电路,可以用一些常用的门电路组合成具有其他功能的门电路。例如,根据与门的逻辑表达式 $Z = A \cdot B = \overline{\overline{A \cdot B}}$ 得知,可以用两个与非门组合成一个与门。

组合电路设计过程是在理想情况下进行的,即假设一切器件均没延迟效应。但实际上,信号通过任何导线或器件都需要一段响应时间,由于制造工艺上的原因,各器件延迟时间的离散性很大,这就有可能在一个组合电路中,在输入信号发生变化时产生错误的输出。这种输出出现瞬时错误的现象称为组合电路的冒险现象(简称险象)。本实验仅对逻辑冒险中的静态 0 型与 1 型冒险进行研究。

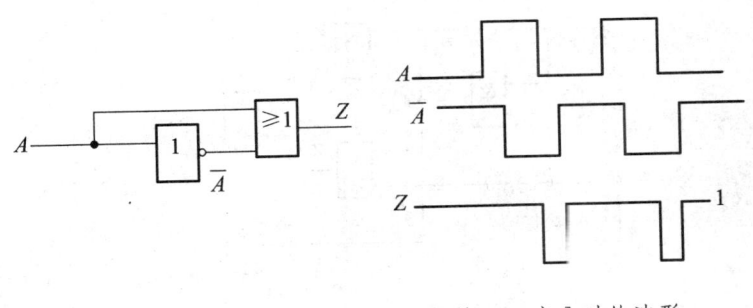

(a) 简单组合电路　　　　(b) 输入 A 变化时的波形

图 2.4.1　0 型静态险象

如图 2.4.1 所示电路,其输出函数 $Z = A + \overline{A}$,电路达到稳定时,即静态时,输出 Z 总是"1"。然而在输入 A 变化时(动态时),从图 2.4.1(b) 可见,在输出 Z 的某些瞬间会出现"0",即当 A 经历 1→0 的变化时,Z 出现窄脉冲,即电路存在静态 0 型险象。

同理,如图 2.4.2 所示电路,$Z = A\overline{A}$,存在有静态 1 型险象。

进一步研究得知,任何复杂的按"与或"或"或与"函数式构成的组合电路中,只要能完成 $A + \overline{A}$ 或 $A\overline{A}$ 形式的逻辑功能,必然存在险象。为了消除此现象,可以增加校正项,前者的校正项为被赋值各变量的"乘积项",后者的校正项为被赋值各变量的"和项"。

还可以用卡诺图判断组合电路是否存在静态险象,以及找出校正项来消除静态险象。

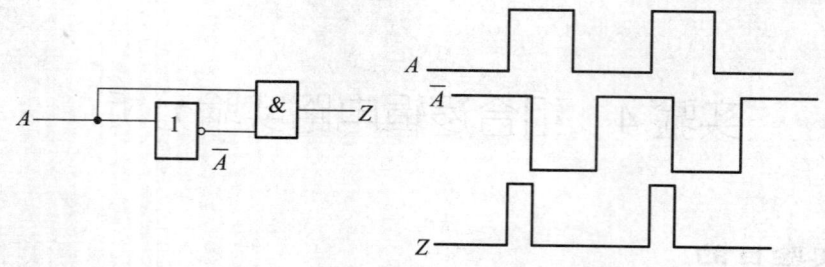

图 2.4.2　1 型静态险象

三、实验设备与器件

+5 V 直流电源；示波器；连续脉冲源；逻辑电平开关；0-1 指示器；CC4011，CC4030，CC4071。

四、实验内容

1. 分析、测试用与非门 CC4011 组成的半加器的逻辑功能

① 写出图 2.4.3 所示电路的逻辑表达式。

Z_1=_____,　　　　S=_____,

Z_2=_____,　　　　C=_____,

Z_3=_____。

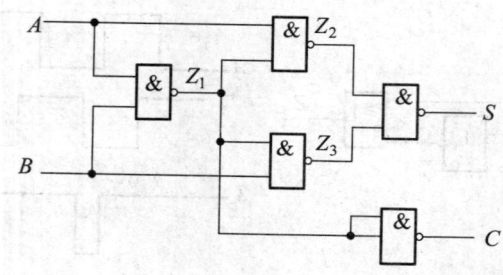

图 2.4.3　由与非门组成的半加器电路

② 根据表达式列出真值表，并画出卡诺图判断能否简化（见表 2.4.1、图 2.4.4、图 2.4.5）。

表 2.4.1　图 2.4.3 所示半加器真值表

A	B	Z_1	Z_2	Z_3	S	C
0	0					
0	1					
1	0					
1	1					

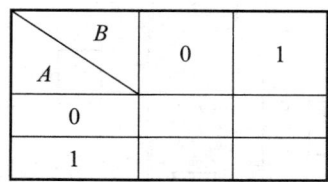

图 2.4.4 S 的卡诺图   图 2.4.5 C 的卡诺图

③ 根据图 2.4.3，在实验板上选定 2 个 14P 插座，插好 2 片 CC4011，并接好连线，A，B 两输入接至逻辑开关的输出插口。S，C 分别接至逻辑电平显示输入插口。按表 2.4.2 的要求进行逻辑状态的测试，并将结果填入表中，同时与上面真值表进行比较。

表 2.4.2 半加器测试值

A	B	S	C
0	0		
0	1		
1	0		
1	1		

2. 分析、测试用异或门 CC4030 和与非门 CC4011 组成的半加器逻辑电路

根据半加器的逻辑表达式可知，半加的和 S 是 A，B 的异或，而进位 C 是 A，B 的相与，故半加器可用一个集成异或门和两个与非门组成，如图 2.4.6 所示。测试方法同实验内容 1 的第③项，将测试结果填入自拟表格中，并验证逻辑功能。

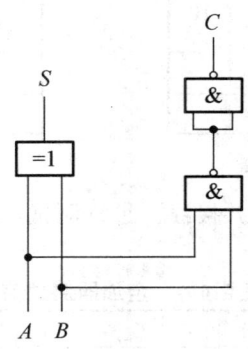

图 2.4.6 半加器电路

3. 分析、测试全加器的逻辑功能

① 写出图 2.4.7 所示电路的逻辑表达式。

$S=$ _____ , $X_1=$ _____ , $X_2=$ _____ ,

$X_3=$ _____ , $S_i=$ _____ , $C_i=$ _____ 。

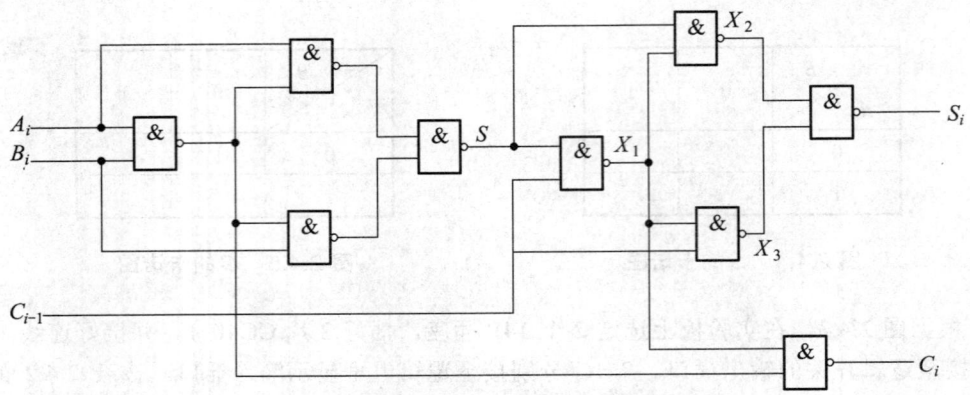

图 2.4.7 由与非门组成的全加器电路

② 列出真值表（见表 2.4.3）。

表 2.4.3 全加器真值表

A_i	B_i	C_{i-1}	S	X_1	X_2	X_3	S_i	C_i
0	0	0						
0	1	0						
1	0	0						
1	1	0						
0	0	1						
0	1	1						
1	0	1						
1	1	1						

③ 根据真值表画出逻辑函数 S_i，C_i 的卡诺图（见图 2.4.8、图 2.4.9）。

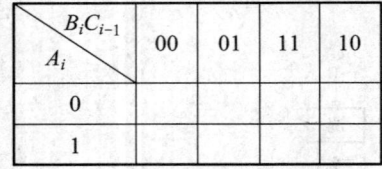
图 2.4.8 S_i 的卡诺图

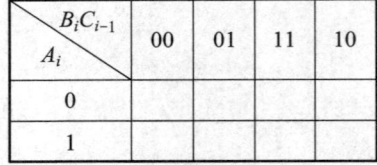
图 2.4.9 C_i 的卡诺图

④ 按图 2.4.7 要求，选择与非门并接线，进行测试，将测试结果填入表 2.4.4，并与上面真值表进行比较。

表 2.4.4 全加器测试值

A_i	B_i	C_{i-1}	S_i	C_i
0	0	0		
0	1	0		
1	0	0		
1	1	0		
0	0	1		
0	1	1		
1	0	1		
1	1	1		

4. 分析、测试用异或门、或非门和非门组成的全加器逻辑电路

根据全加器的逻辑表达式：

全加和　　　$S_i=(A_i \oplus B_i) \oplus C_{i-1}$
进位　　　　$C_i=(A_i \oplus B_i) \cdot C_{i-1}+A_i \cdot B_i$

可知，一位全加器可以用 2 个异或门和 2 个与门及 1 个或门组成。

① 画出用上述门电路实现的全加器逻辑电路。
② 按所画的原理图，选择器件，并在实验板上接线。
③ 进行逻辑功能测试，将测试结果填入自拟表格中，判断测试是否正确。

5. 观察冒险现象

按图 2.4.10 接线，当 $B=1$，$C=1$ 时，A 输入矩形波（f 在 1 MHz 以上），用示波器观察 Z 输出波形，并用添加校正项方法消除险象。

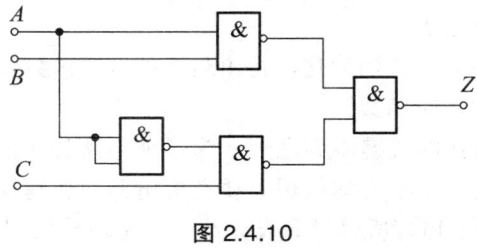

图 2.4.10

五、预习要求

① 预习组合电路险象的种类、产生的原因以及防止险象的方法。
② 预习组合逻辑电路的分析方法。
③ 预习用与非门和异或门等构成半加器、全加器的工作原理。

六、实验报告要求

① 整理实验数据、图表，并对实验结果进行分析讨论。
② 总结组合电路的分析与测试方法。
③ 对险象进行讨论。

实验 5 组合逻辑电路的设计与测试

一、实验目的
掌握组合逻辑电路的设计与测试方法。

二、实验原理

1. 组合逻辑电路设计的一般过程
① 根据任务要求列出真值表。
② 通过对卡诺图或逻辑表达式的简化,得出最简的逻辑函数表达式。
③ 选择标准器件实现此逻辑函数。

逻辑化简是组合逻辑设计的关键步骤之一。为了使电路结构简单和使用器件较少,往往要求逻辑表达式尽可能简化。由于实际使用时要考虑电路工作速度和稳定可靠等因素,在较复杂的电路中,还要求清晰易懂,所以最简设计不一定是最佳的。但一般来说,在保证速度、稳定可靠与逻辑清楚的前提下,尽量使用最少的器件,以降低成本,是逻辑设计者的目标。

2. 组合逻辑电路设计举例
用与非门设计一个表决电路,当 4 个输入端中有 3 个或 4 个为 1 时,输出端为 1。
设计步骤:
① 列出真值表,如表 2.5.1 所示。

表 2.5.1 真 值 表

D	0	0	0	0	0	0	0	0	1	1	1	1	1	1	1	1
A	0	0	0	0	1	1	1	1	0	0	0	0	1	1	1	1
B	0	0	1	1	0	0	1	1	0	0	1	1	0	0	1	1
C	0	1	0	1	0	1	0	1	0	1	0	1	0	1	0	1
Z	0	0	0	0	0	0	0	1	0	0	0	1	0	1	1	1

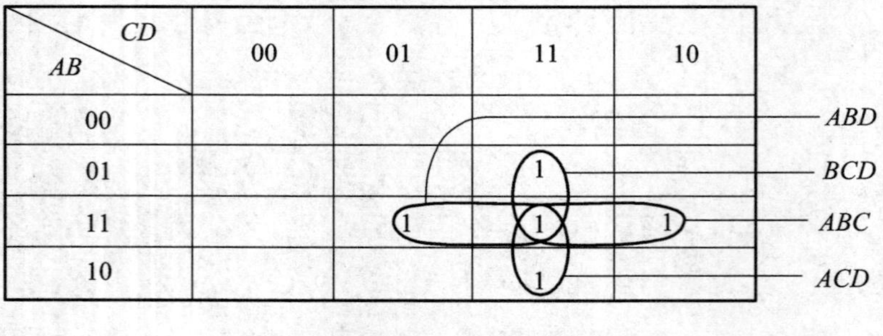

AB\CD	00	01	11	10	
00					—— ABD
01			1		—— BCD
11		1	1	1	—— ABC
10			1		—— ACD

图 2.5.1 组合逻辑电路的卡诺图

② 画出卡诺图,如图 2.5.1 所示。由卡诺图得出逻辑表达式,并化成"与非"的形式,即

$$Z = ABC + BCD + ACD + ABD = \overline{\overline{ABC} \cdot \overline{BCD} \cdot \overline{ACD} \cdot \overline{ABD}}$$

③ 画出用"与非门"构成的逻辑电路，如图 2.5.2 所示。

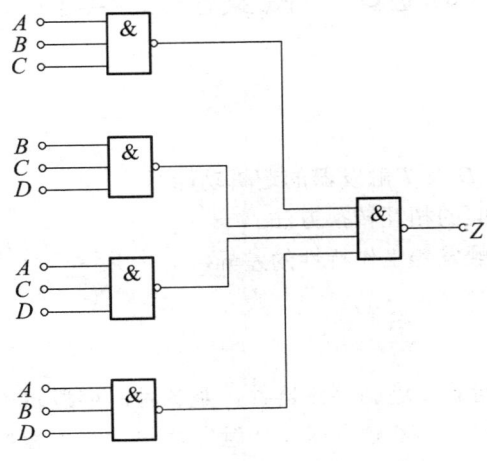

图 2.5.2　表决电路逻辑图

三、实验设备与器件

+5 V 直流电源；逻辑电平开关；0-1 指示器；直流数字电压表；继电器；蜂鸣器；CC4011（或 74LS00），CC4012（或 74LS20）。

四、实验内容

① 设计一个 4 人无弃权表决电路（多数赞成则提案通过），要求用 4 输入二与非门实现。要求按前文所述的设计步骤进行，直到电路逻辑功能符合设计要求为止。

② 设计一个保险箱的数字代码锁，该锁有规定的 4 位代码 A，B，C，D 的输入端和一个开锁钥匙孔信号 E 的输入端。锁的代码由实验者自编。如输入代码与该锁设定的代码一致，保险箱被打开（$Z_1 = 1$）；如果输入代码与设定代码不一致，电路将发出报警信号（$Z_2 = 1$）。要求使用最少的与非门来实现，测试并记录实验结果。

提示：实验时锁被打开，用实验板上的继电器吸合与 LED 发光二极管点亮表示；在未按规定按下开关键时，防盗蜂鸣器响。

五、预习要求

根据实验任务要求设计组合电路，并根据所给的标准器件画出逻辑图。

六、实验报告要求

① 写出实验任务的设计过程，画出设计电路图。
② 对所设计的电路进行测试，记录测试结果。
③ 谈谈对组合电路设计的体会。

实验 6　触发器及其应用

一、实验目的

① 掌握基本 RS, JK, D 及 T 触发器的逻辑功能。
② 熟悉各种触发器之间的相互转换方法。
③ 熟悉不同结构形式触发器工作特性的差异。

二、实验原理

触发器是具有记忆功能的二进制存储器件，是各种时序逻辑电路的基本器件之一。触发器按其功能可分为 RS 触发器、JK 触发器、D 触发器和 T 触发器等，按电路的结构可分为主从触发器和边沿触发器（包括上升边沿触发器和下降边沿触发器）两大类。TTL 集成触发器主要有边沿 D 触发器、边沿 JK 触发器与主从 JK 触发器。利用这些触发器可以转换成其他功能的触发器，但转换成的触发器其触发方式并不改变，例如由边沿 JK 触发器转换而来的 T 触发器仍是边沿触发方式的触发器。

触发器具有 2 个稳定状态，用以表示逻辑状态"1"和"0"，在一定的外信号作用下，可以从一个稳定状态翻转到另一个稳定状态。由于它是一个具有记忆功能的二进制信息存储器件，因此它是构成各种时序电路的最基本逻辑单元。

1. 基本 RS 触发器

图 2.6.1 所示为由两个与非门交叉耦合构成的基本 RS 触发器，它是无时钟控制低电平直接触发的触发器。基本 RS 触发器具有置"0"、置"1"和"保持"三种功能。通常称 $\bar{S}$ 为置"1"端，因为 $\bar{S}$ =0 时触发器被置"1"；$\bar{R}$ 为置"0"端，因为 $\bar{R}$ =0 时触发器被置"0"；当 $\bar{S} = \bar{R}$ =1 时状态保持。

基本 RS 触发器也可以用 2 个或非门组成，此时高电平触发有效。

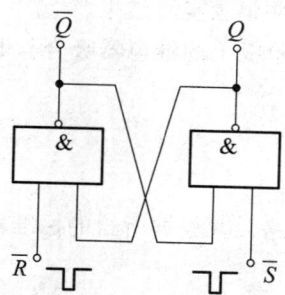

图 2.6.1　基本 RS 触发器

2. JK 触发器

JK 触发器是功能完善、使用灵活和通用性较强的一种触发器。本实验采用 74LS112 双 JK 触发器，是下降边沿触发的边沿触发器。其引脚功能及逻辑符号如图 2.6.2 所示。

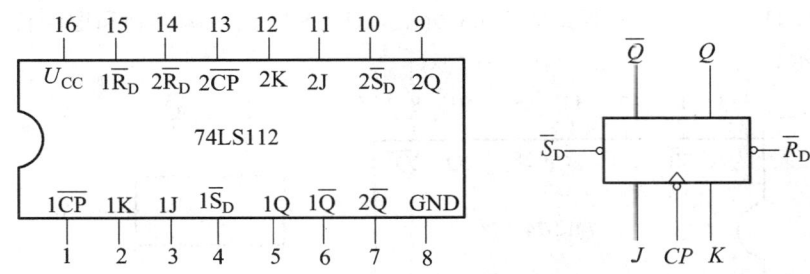

图 2.6.2 74LS112 双 JK 触发器引脚功能及逻辑符号

JK 触发器的特性方程为

$$Q^{n+1} = J\overline{Q}^n + \overline{K}Q^n$$

J 和 K 是数据输入端,是触发器状态更新的依据。若 J,K 有 2 个或 2 个以上输入端时,组成"与"的关系。Q 与 $\overline{Q}$ 为 2 个互补输出端。通常把 $Q=0$,$\overline{Q}=1$ 的状态定为触发器"0"状态;而把 $Q=1$,$\overline{Q}=0$ 定为"1"状态。

后沿触发 JK 触发器的功能表如表 2.6.1 所示。

表 2.6.1 JK 触发器功能表

输 入					输 出	
$\overline{S}_D$	$\overline{R}_D$	$\overline{CP}$	J	K	Q^{n+1}	$\overline{Q}^{n+1}$
0	1	×	×	×	1	0
1	0	×	×	×	0	1
0	0	×	×	×	φ	φ
1	1	↓	0	0	Q^n	$\overline{Q}^n$
1	1	↓	1	0	1	0
1	1	↓	0	1	0	1
1	1	↓	1	1	$\overline{Q}^n$	Q^n
1	1	↑	×	×	Q^n	$\overline{Q}^n$

注:×——任意态;↓——高到低电平跳变;Q^n($\overline{Q}^n$)——现态;Q^{n+1}($\overline{Q}^{n+1}$)——次态;φ——不定态。

JK 触发器常被用作缓冲存储器、移位寄存器和计数器。

CC4027 是 CMOS 双 JK 触发器,其功能与 74LS112 相同,但采用上升沿触发,R_D,S_D 端为高电平有效。

3. D 触发器

在输入信号为单端的情况下,D 触发器用起来最为方便,其特性方程为

$$Q^{n+1} = D^n$$

其输出状态的更新发生在 CP 脉冲的上升沿,故又称为上升沿触发的边沿触发器。触发器的状态只取决于时钟到来前 D 端的状态。

D 触发器的应用很广,可用于数字信号的寄存、移位寄存、分频和波形发生等。D 触发器有很多种型号,如双 D(74LS74,CC4013),四 D(74LS175,CC4042),六 D(74LS174,

CC14174），八 D（74LS374）等。图 2.6.3 所示为 74LS74 的引脚排列和逻辑符号，其功能表如表 2.6.2 所示。

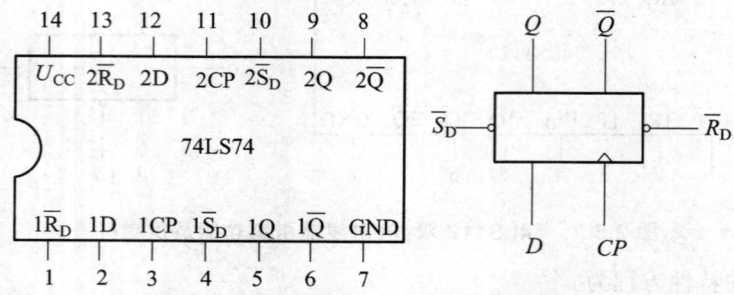

图 2.6.3 74LS74 引脚排列及逻辑符号

表 2.6.2 D 触发器功能表

输 入				输 出	
$\bar{S}_D$	$\bar{R}_D$	CP	D	Q^{n+1}	$\bar{Q}^{n+1}$
0	1	×	×	1	0
1	0	×	×	0	1
0	0	×	×	φ	φ
1	1	↑	1	1	0
1	1	↑	0	0	1
1	1	↓	×	Q^n	$\bar{Q}^n$

4. 触发器之间的相互转换

在集成触发器的产品中，每一种触发器都有自己固定的逻辑功能，可利用转换方法获得具有其他功能的触发器。例如，将 JK 触发器的 J，K 两端连在一起，并让它为 T 端，就得到 T 触发器，如图 2.6.4（a）所示，其状态方程为：

$$Q^{n+1}=T\bar{Q}^n+\bar{T}Q^n$$

T 触发器的功能表如表 2.6.3 所示。

表 2.6.3 T 触发器功能表

输 入				输 出
$\bar{S}_D$	$\bar{R}_D$	CP	T	Q^{n+1}
0	1	×	×	1
1	0	×	×	0
1	1	↓	0	Q^n
1	1	↓	1	$\bar{Q}^n$

由功能表可见，当 $T=0$ 时，时钟脉冲作用后，其状态保持不变；当 $T=1$ 时，时钟脉冲作用后，触发器状态翻转。所以，若将 T 触发器的 T 端置"1"，如图 2.6.3（b）所示，即得到 T' 触发器。在 T' 触发器的 CP 端每来一个 CP 脉冲信号，触发器的状态就翻转一次，故称之为翻

转触发器，广泛用于计数电路中。

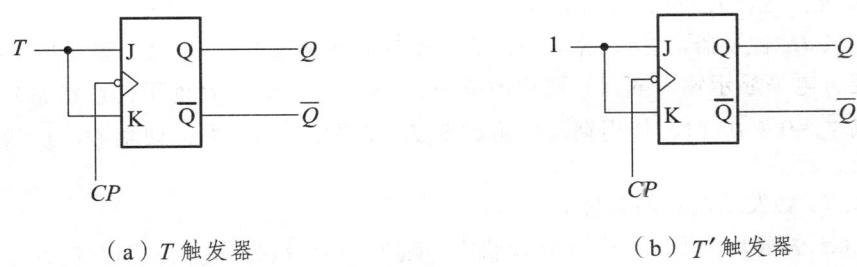

（a）T 触发器　　　　　　　　（b）T′ 触发器

图 2.6.4　JK 触发器转换为 T，T′ 触发器

同样，若将 D 触发器的 $\overline{Q}$ 端与 D 端相连，便转换成 T′ 触发器，如图 2.6.5 所示。JK 触发器也可转换为 D 触发器，如图 2.6.6 所示。

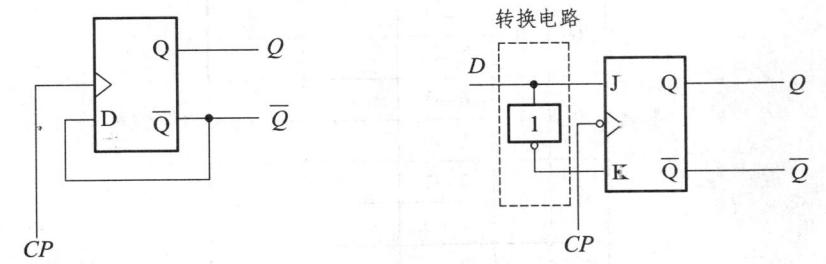

图 2.6.5　D 触发器转成 T′ 触发器　　　图 2.6.6　JK 触发器转成 D 触发器

三、实验设备与器件

+5 V 直流电源；双踪示波器；连续脉冲源；单次脉冲源；逻辑电平开关；0-1 指示器；74LS112（或 CC4027），74LS00（或 CC4011），74LS74（或 CC4013）。

四、实验内容

1. 测试基本 RS 触发器的逻辑功能

按图 2.6.1，用 2 个与非门组成基本 RS 触发器，输入端 $\overline{R}$，$\overline{S}$ 接逻辑开关的输出插口，输出端 Q，$\overline{Q}$ 接逻辑电平显示输入插口。按表 2.6.4 的要求进行测试，并作记录。

表 2.6.4　RS 触发器功能测试值

$\overline{R}$	$\overline{S}$	Q	$\overline{Q}$
1	1→0		
1	0→1		
1→0	1		
0→1	1		
0	0		

2. 测试 JK 触发器 74LS112 逻辑功能

① 测试 $\overline{R}_D$，$\overline{S}_D$ 的复位、置位功能。

任取一只 JK 触发器，$\overline{R}_D$，$\overline{S}_D$，J，K 端接逻辑开关输出插口，CP 端接单次脉冲源，Q，$\overline{Q}$ 端接至逻辑电平显示输入插口。要求改变 $\overline{R}_D$，$\overline{S}_D$（J，K，CP 处于任意状态），并在 $\overline{R}_D$=0（$\overline{S}_D$=1）或 $\overline{S}_D$=0（$\overline{R}_D$=1）作用期间任意改变 J，K 及 CP 的状态，观察 Q，$\overline{Q}$ 状态。自拟表格并作记录。

② 测试 JK 触发器的逻辑功能。

按表 2.6.5 的要求改变 J，K，CP 端状态，观察 Q，$\overline{Q}$ 状态变化，同时观察触发器状态更新是否发生在 CP 脉冲的下降沿（即 CP 由 1→0），并记录。

表 2.6.5　JK 触发器特性表

J	K	CP	Q^{n+1}	
			Q^n=0	Q^n=1
0	0	0→1		
		1→0		
0	1	0→1		
		1→0		
1	0	0→1		
		1→0		
1	1	0→1		
		1→0		

③ 将 JK 触发器的 J，K 端连在一起，构成 T 触发器。

在 CP 端输入 1 Hz 连续脉冲，用实验板上的逻辑笔观察 Q 端的变化。

在 CP 端输入 1 kHz 连续脉冲，用双踪示波器观察 CP，Q，$\overline{Q}$ 端波形，注意相位与时间的关系。

3. 测试双 D 触发器 74LS74 的逻辑功能

① 测试 $\overline{R}_D$，$\overline{S}_D$ 的复位、置位功能。测试方法同实验内容 2 的①项，自拟表格并作记录。

② 测试 D 触发器的逻辑功能。

按表 2.6.6 要求进行测试，观察触发器状态更新是否发生在 CP 脉冲的上升沿（即由 0→1），并作记录。

表 2.6.6　D 触发器特性表

D	CP	Q^{n+1}	
		Q^n=0	Q^n=1
0	0→1		
	1→0		
1	0→1		
	1→0		

③ 将 D 触发器的 $\overline{Q}$ 端与 D 端相连接，构成 T' 触发器。测试方法同实验内容 2 的③项，自拟表格并作记录。

五、预习要求

① 预习有关触发器内容。
② 列出触发器功能测试表格。

六、思考题

① TTL 触发器中的 R_D 和 S_D 各处在什么状态触发器才能正常工作？
② 为什么与非门构成的基本 RS 触发器的约束条件为 $S+R=1$？如果基本 RS 触发器由或非门构成，则其约束条件是什么？

七、实验报告要求

① 列表整理各类触发器的逻辑功能。
② 总结观察到的波形，说明触发器的触发方式。
③ 体会触发器的应用。

实验 7 计数器的应用

一、实验目的

① 学习用集成触发器构成计数器的方法。
② 掌握中规模集成计数器的使用方法及功能测试方法。
③ 运用集成计数器构成 1/N 分频器。

二、实验原理

计数器是实现计数功能的时序部件,它不仅可用来计算脉冲数,也常用来执行数字系统的定时、分频、数字运算以及其他的特定逻辑功能。

计数器种类较多,根据计数器中各触发器是否共用一个时钟脉冲源来分,有同步计数器和异步计数器两种;根据计数制式的不同,可分为二进制计数器、十进制计数器和任意进制计数器;根据计数的增减趋势,又可分为加法计数器、减法计数器和可逆计数器;此外,还有可预置数计数器和可编程序功能计数器等。

在同步计数器中,所有触发器共用一个时钟脉冲 CP(被计数的输入脉冲)。这个脉冲直接或通过组合电路反馈网络来控制,加到各触发器的 CP 端,使该翻转的触发器同时翻转计数,因而工作速度较快。异步计数器则不同,有的触发器的 CP 端直接由输入计数脉冲控制,有的则用前一级触发器的输出作为时钟脉冲,因此它们的翻转是异步的,整个电路的工作速度比同步计数器慢。

1. 用 D 触发器构成异步二进制加/减计数器

图 2.7.1 所示是用 4 只 D 触发器构成的 4 位二进制异步加法计数器。它们的连接特点是将每只 D 触发器接成 T' 触发器,再由低位触发器的 $\bar{Q}$ 端和高一位的 CP 端相连接。

若将图 2.7.1 所示电路稍加改动,即将低位触发器的 Q 端与高一位 CP 端相连接,即构成了一个 4 位二进制减法计数器。

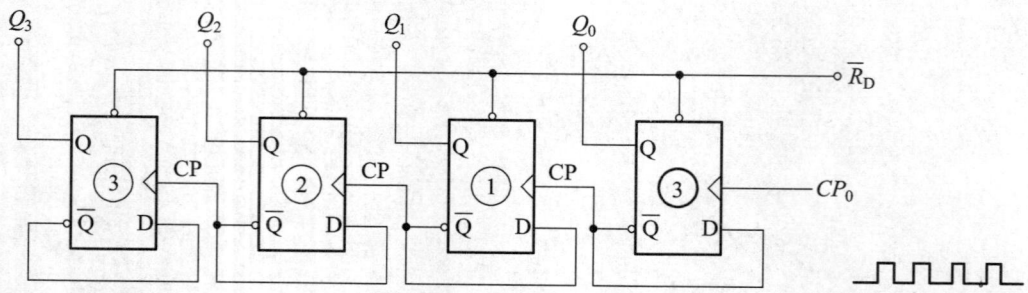

图 2.7.1 4 位二进制异步加法计数器

2. 中规模十进制计数器

74LS192(同 CC40192,二者可互换使用)是同步十进制可逆计数器,具有双时钟输入,并且有清除和置数功能,其引脚排列及逻辑符号如图 2.7.2 所示。

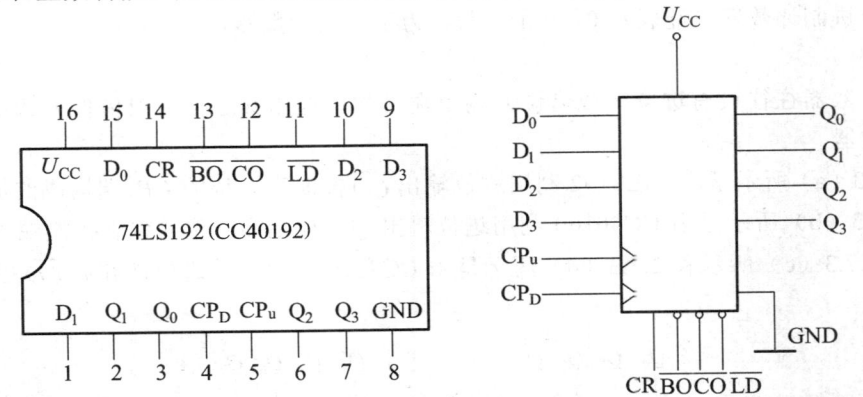

$\overline{LD}$——同步置数端;CP_u——加法计数端;CP_D——减法计数端;$\overline{CO}$——非同步进位输出端;
$\overline{BO}$——非同步借位输出端;D_0,D_1,D_2,D_3——计数输入端;
Q_0,Q_1,Q_2,Q_3——数据输出端;CR——清除端

图 2.7.2 74LS192 引脚排列及逻辑符号

74LS192 的功能如表 2.7.1 所示,说明如下:

表 2.7.1 74LS192 功能表

输入								输出			
CR	$\overline{LD}$	CP_u	CP_D	D_3	D_2	D_1	D_0	Q_3	Q_2	Q_1	Q_0
1	×	×	×	×	×	×	×	0	0	0	0
0	0	×	×	d	c	b	a	d	c	b	a
0	1	↑	1	×	×	×	×	加计数			
0	1	1	↑	×	×	×	×	减计数			

① 当清除端 CR 为高平"1"时,计数器直接清零;CR 置低电平则执行其他功能。

② 当 CR 为低电平,置数端 $\overline{LD}$ 也为低电平时,数据直接从置数端 D_0,D_1,D_2,D_3 置入计数。

③ 当 CR 为低电平,$\overline{LD}$ 为高电平时,执行计数功能。

执行加法计数时,减计数端 CP_D 接高电平,计数脉冲由 CP_u 输入,在计数脉冲上升沿到来时进行 8421 码的十进制加法计数。执行减法计数时,加法计数端 CP_u 接高电平,计数脉冲由减法计数端 CP_D 输入。表 2.7.2 为 8421 码十进制加、减计数器的状态转换表。

表 2.7.2 8421 十进制加、减状态转换表

加法计数→   进位←

	输入脉冲数	0	1	2	3	4	5	6	7	8	9
输出	Q_3	0	0	0	0	0	0	0	0	1	1
	Q_2	0	0	0	0	1	1	1	1	0	0
	Q_1	0	0	1	1	0	0	1	1	0	0
	Q_0	0	1	0	1	0	1	0	1	0	1

→借位   ←减法计数

3. 计数器的级联使用

一个十进制计数器只能表示 0~9 十个数，为了扩大计数器范围，常将多个十进制计数器级联使用。

同步计数器往往设有进位（或借位）输出端，故可选用其进位（或借位）输出信号驱动下一级计数器。

图 2.7.3（a）所示是由 74LS192 利用进位输出 $\overline{CO}$ 控制高一位的 CP_u 端构成的加计数级联图。图 2.7.3（b）所示是由 CC40160 利用进位输出 Q_{CC} 控制高一位的状态控制端 S_1，S_2 的级联图。图 2.7.3（c）所示和 2.7.3（d）所示是由 CC4510 利用行波进位法和用 $\overline{CO}$ 控制和 $\overline{C_i}$ 的级联图。

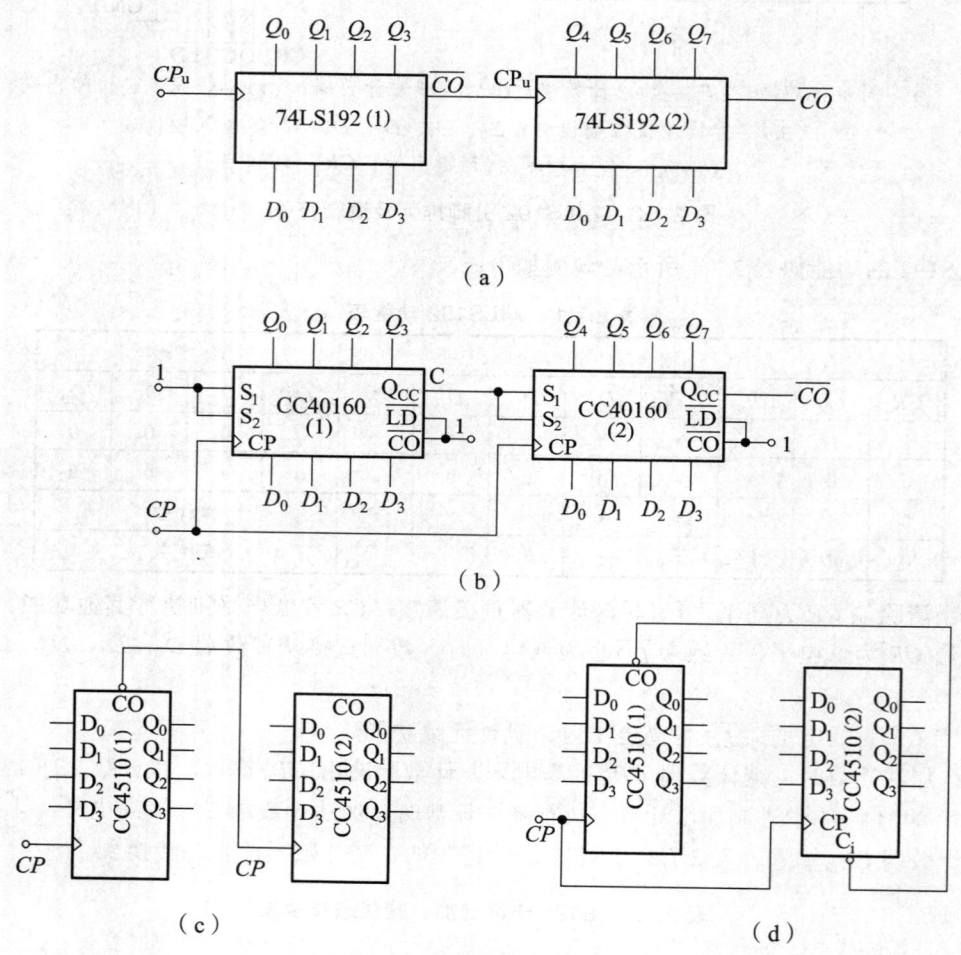

图 2.7.3 同步计数器级联方案

4. 实现任意进制计数

（1）用复位法获得任意进制计数器

假定已有 N 进制计数器，而需要得到一个 M 进制计数器时，只要 $M<N$，用复位法使计数器计数到 M 时置"0"，即获得 M 进制计数器。如图 2.7.4 所示为一个由 74LS192 十进制器计数器接成的 6 进制计数器。

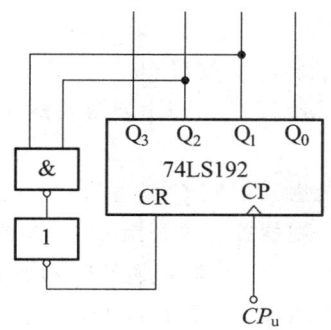

图 2.7.4 六进制加法计数器

(2) 利用预置功能获 M 进制计数器

图 2.7.5 所示为用 3 个 74LS192 组成的 421 进制计数器。

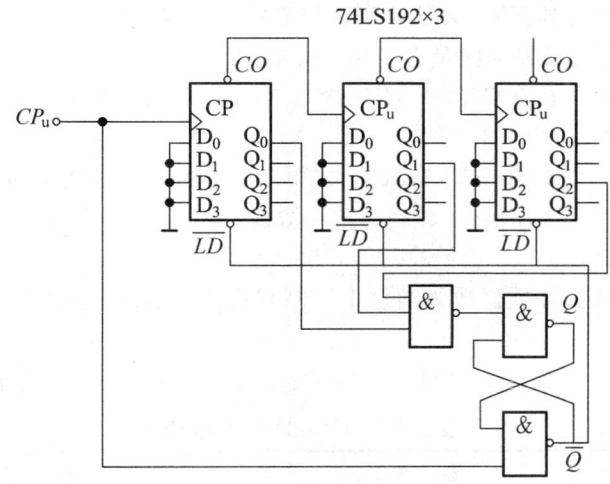

图 2.7.5 421 进制计数器

外加的由与非门构成的锁存器可以克服器件计数速度的离散性,保证在反馈置"0"信号作用下计数器可靠置"0"。

三、实验设备与器件

+5 V 直流电源;双踪示波器;连续脉冲源;单次脉冲源;逻辑电平开关;0-1 指示器;译码显示器;74LS74×2(CC4013),74LS192×3(CC40192),CC40160×2,74LS00(CC4011),74LS20(CC4012),CC4510×2。

四、实验内容

① 用 D 触发器 74LS74 或 CC4013 构成 4 位二进制异步加法计数器。

• 按图 2.7.1 接线,$\overline{R}_D$ 接至逻辑开关输出插口,将低位 CF_0 端接单次脉冲源,输出 Q_3,Q_2,Q_1,Q_0 接逻辑电平显示输入插口,各 $\overline{S}_D$ 接高电平+5 V。

- 清零后，逐个送入单次脉冲，观察并列表记录 $Q_3 \sim Q_0$ 状态。
- 将单次脉冲改为 1 Hz 的连续脉冲，观察 $Q_3 \sim Q_0$ 的状态。
- 将 1 Hz 的连续脉冲改为 1 kHz，用双踪示波器观察 CP，Q_3，Q_2，Q_1，Q_0 端波形，并描绘。
- 将图 2.7.1 所示电路中的低位触发器的 Q 端与高一位的 CP 端相连接，构成减法计数器，按实验内容②、③、④进行实验，观察并列表记录 $Q_3 \sim Q_0$ 的状态。

② 测试 74LS192 或 CC40192 同步十进制可逆计数器的逻辑功能。

计数脉冲由单次脉冲源提供，清零端、置数端 $\overline{LD}$、数据输入端 $D_3 \sim D_0$ 分别接逻辑开关；输出端 Q_0，Q_1，Q_2，Q_3 接实验板的一个译码显示输入的相应插口 A，B，C，D，$\overline{CO}$ 和 $\overline{BO}$ 接逻辑电平显示插口。按表 2.7.1 逐项测试并判断该集成块的功能是否正常。

- 清除：令 $CR=1$，其他输入为任意态，这时 $Q_3Q_2Q_1Q_0=0000$，译码数字显示为"0"清除功能完成后，置 $CR=0$。
- 置数：$CR=0$，CP_u 和 CP_D 为任意态，数据输入端输入任意一组二进制数，令 $\overline{LD}=0$，观察计数译码显示输出、预置功能是否正确，此后置 $\overline{LD}=1$。
- 加法计数：$CR=0$，$\overline{LD}=CP_D=1$，CP_u 接单次脉冲源，清零后送入 10 个单次脉冲，观察输出状态变化是否发生在 CP_D 的上升沿。
- 减法计数：$CR=0$，$\overline{LD}=CP_u=1$，CP_D 接单次脉冲源，参照实验内容③进行实验。

③ 用两片 74LS192 组成两位十进制加法计数器，输入 1 Hz 连续计数脉冲，进行由 00～99 累加计数，并作记录。

④ 将两位十进制加法计数器改为两位十进制减法计数器，实现由 99～00 递减计数，并作记录。

⑤ 选图 2.7.3（b），（c），（d）中任一电路进行实验，并作记录（见表 2.7.3、表 2.7.4）。

表 2.7.3 CC40160 功能表

输入									输出			
CP	$\overline{C_r}$	$\overline{LD}$	S_1	S_2	D_3	D_2	D_1	D_0	Q_3	Q_2	Q_1	Q_0
×	0	×	×	×	×	×	×	×	0	0	0	0
↑	1	0	×	×	d_3	d_2	d_1	d_0	d_3	d_2	d_1	d_0
×	1	1	0	×	×	×	×	×	保	持		
×	1	1	×	0	×	×	×	×	保	持		
↑	1	1	1	1	×	×	×	×	计	数		

表 2.7.4 CC4510 功能表

CP	$\overline{C_i}$	V/D	PE	R	功 能
×	1	×	0	0	不计数
↑	0	1	0	0	加计数
↑	0	0	0	0	减计数
×	×	×	1	0	置 数
×	×	×	×	1	复 位

五、预习要求

① 预习有关计数器的内容。
② 绘出各实验内容的详细线路图。
③ 拟出各实验内容所需的测试记录表格。

六、实验报告要求

① 画出实验线路图,记录、整理实验结果及实验所得的有关波形,对实验结果进行分析。
② 总结使用集成计数器的体会。

实验 8 译码器及其应用

一、实验目的

① 熟悉中规模译码器功能测试方法和应用。
② 了解多位数码显示电路的组成及工作原理。
③ 熟悉数码管的使用方法。

二、实验原理

译码器是一个多输入、多输出的组合逻辑电路,它能把给定的一组二进制代码译成相应的输出状态或一组新的代码,以表示编码时赋予的原意。它不仅可用于数字显示,而且可用于代码转换、数据分配、存储器寻址和组合控制信号等方面。

译码器可分为通用译码器和显示译码器两大类。通用译码器又分为变量译码器和代码变换译码器。

1. 变量译码器

变量译码器又称为二进制译码器,用以表示输入变量的状态,如 2 线-4 线、3 线-8 线和 4 线-16 线译码器,为了方便使用,常将其记作 2/4,3/8 译码器等。若有 n 个输入变量,则有 2^n 个不同的组合状态,就有 2^n 个输出端供其使用,而每一个输出所代表的函数对应于 n 个输入变量的最小项。

现以 3/8 译码器 74LS138 为例进行分析,图 2.8.1 所示为其逻辑图及引脚排列。其中 A_2,A_1,A_0 为地址输入端,$\overline{Y}_0 \sim \overline{Y}_7$ 是译码输出端,$\overline{S}_1$,$\overline{S}_2$,$\overline{S}_3$ 是使能端。

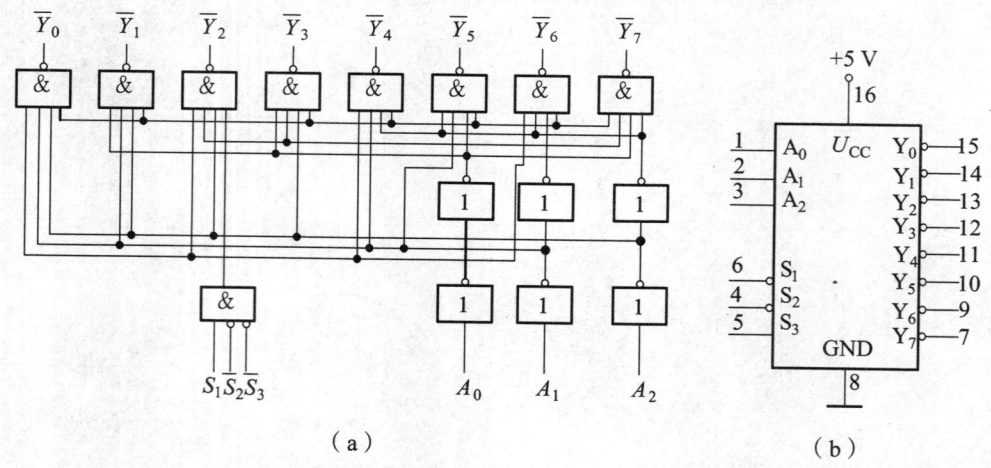

图 2.8.1 3/8 译码器 74LS138 逻辑图及外引脚排列

表 2.8.1 为 74LS138 功能表,当 $S_1=1$,$\overline{S}_2+\overline{S}_3=0$ 时,器件使能,地址码所指定的输出端有信号(为 0)输出,其他所有输出端均无信号输出(全为 1)。当 $S_1=0$,$\overline{S}_2+\overline{S}_3=X$ 时,或

$S_1=X$，$\overline{S}_2+\overline{S}_3=1$ 时，译码器被禁止，所有输出同时为 1。

表 2.8.1 74LS138 功能表

输 入					输 出							
S_1	$\overline{S}_2+\overline{S}_3$	A_2	A_1	A_0	$\overline{Y}_0$	$\overline{Y}_1$	$\overline{Y}_2$	$\overline{Y}_3$	$\overline{Y}_4$	$\overline{Y}_5$	$\overline{Y}_6$	$\overline{Y}_7$
1	0	0	0	0	0	1	1	1	1	1	1	1
1	0	0	0	1	1	0	1	1	1	1	1	1
1	0	0	1	0	1	1	0	1	1	1	1	1
1	0	0	1	1	1	1	1	0	1	1	1	1
1	0	1	0	0	1	1	1	1	0	1	1	1
1	0	1	0	1	1	1	1	1	1	0	1	1
1	0	1	1	0	1	1	1	1	1	1	0	1
1	0	1	1	1	1	1	1	1	1	1	1	0
0	×	×	×	×	1	1	1	1	1	1	1	1
×	1	×	×	×	1	1	1	1	1	1	1	1

二进制译码器实际上也是负脉冲输出的脉冲分配器。若利用使能端中的一个输入端输入数据信息，器件就成为一个数据分配器（又称多路分配器），如图 2.8.2 所示。若从 S_1 输入端输入数据信息，令 $\overline{S}_2=\overline{S}_3=0$，地址码所对应的输出是 S_1 数据信息的反码；若从 $\overline{S}_2$ 输入端输入数据信息，令 $S_1=1$，$\overline{S}_3=0$，地址码所对应的输出就是 $\overline{S}_2$ 端数据信息的原码。若数据信息是时钟脉冲，则数据分配器便成为时钟脉冲分配器。

二进制译码器可根据输入地址的不同组合译出唯一地址，故可用作地址译码器。若将其接成多路分配器，可将一个信息源的数据信息传输到不同地点。

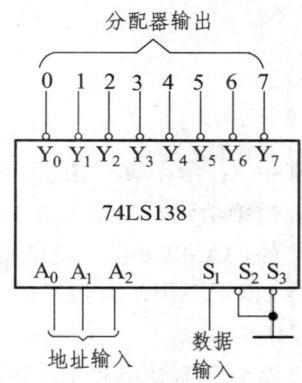

图 2.8.2 作数据分配器

二进制译码器还能方便地实现逻辑函数，如图 2.8.3 所示电路实现的逻辑函数是

$$Z=\overline{A}\,\overline{B}\,\overline{C}+A\overline{B}\,\overline{C}+A\overline{B}C+ABC$$

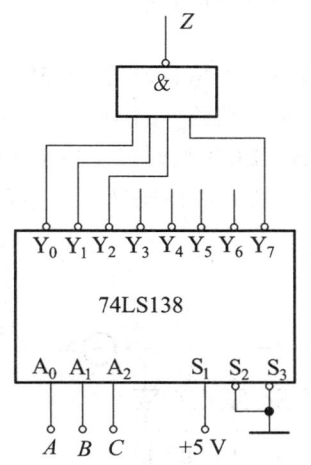

图 2.8.3 实现逻辑函数

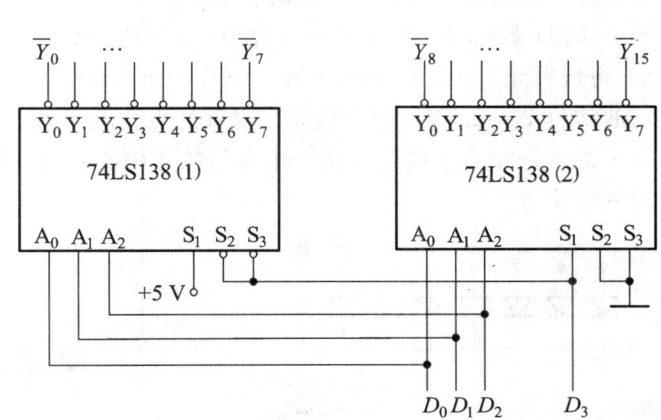

图 2.8.4 用 2 片 74LS138 组合成 4/16 译码器

利用使能端能方便地将 2 个 3/8 译码器组合成 1 个 4/16 译码器，如图 2.8.4 所示。

2. 二-十进制译码器 CC4028

二-十进制译码器 CC4028 能将输入的 4 位二进制数表示的二-十进制数译成十进制数。其逻辑图及引脚功能如图 2.8.5 所示。

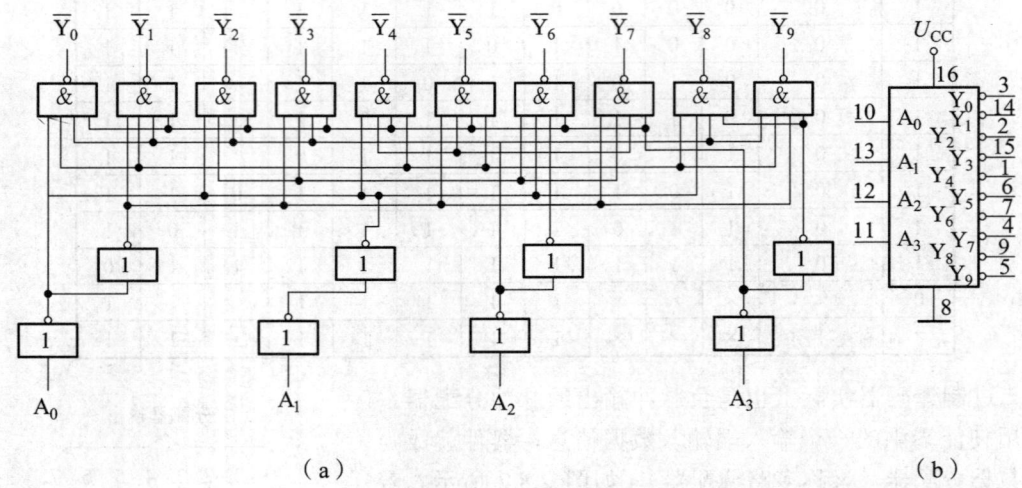

图 2.8.5 CC4028 逻辑图及引脚

其中 A_3，A_2，A_1，A_0 是地址输入端，$\overline{Y}_0 \sim \overline{Y}_9$ 是译码输出端。由逻辑图可知，CC4028 的输出能拒绝伪码，当输入为 1010～1111 时，所有输出全为 1。

此外，CC4028 没有使能端，因此不能用作多路分配器。但若将 A_2，A_1，A_0 作地址输入端，$\overline{Y}_8$，$\overline{Y}_9$ 闲置不用，A_3 可以作为使能端使用，此时的 CC4028 变成了 3/8 译码器，A_3 的选通功能与 74LS138 的 $\overline{S}_2$，$\overline{S}_3$ 相同，为低电平使能。所以 CC4028 不仅可作为一般译码器使用，也可作多路分配器使用和实现逻辑函数多种功能。

3. 数码显示译码器

（1）7 段发光二极管（LED）数码管

LED 数码管是目前最常用的数字显示器，图 2.8.6（a），（b）为共阴极和共阳极的电路，（c）为 2 种不同出线形式的引出脚功能图。

一个 LED 数码管可用来显示一位 0～9 十进制数和一个小数点。小型数码管（0.50in 和 0.36in）每段发光二极管的正向压降，随显示光（通常为红、绿、黄、橙色）的颜色不同略有差别，通常为 2～2.5 V，每个发光二极管的点亮电流在 5～10 mA。LED 数码管要显示 BCD 码所表示的十进制数字就需要有一个专门的译码器，该译码器不但要完成译码功能，还要有足够的驱动能力。

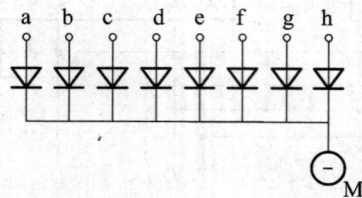

（a）共阴连接（"1"电平驱动）

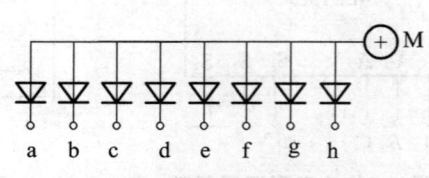

（b）共阳极连接（"0"电平驱动）

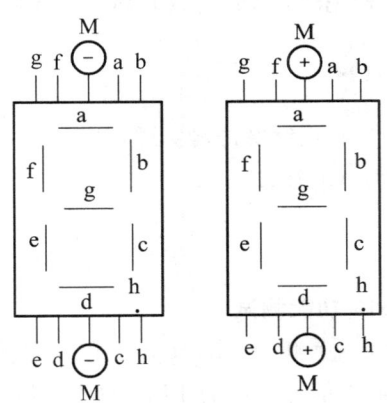

（c）符号及引脚功能

图 2.8.6 LED 数码管

(2) BCD 码 7 段译码驱动器

此类译码器型号有：74LS47（共阳）、74LS48（共阴）、CC4511（共阴）等。本实验采用 CC4511 BCD 码锁存/七段译码/驱动器来驱动共阴极 LED 数码管。图 2.8.7 所示为 CC4511 引脚图。

CC4511 内接有上拉电阻，故只需在输出端与数码管笔段之间串入限流电阻即可工作。译码器还有拒伪码功能，当输入码超过 1001 时，输出全为 0，数码管熄灭。

其中：

A, B, C, D ——BCD 码输入端。

a, b, c, d, e, f, g ——译码输出端，输出"1"有效，用来驱动共阴极 LED 数码管。

$\overline{LT}$ ——测试输入端，$\overline{LT}$ = "0"时，译码输出全为 1。

$\overline{BI}$ ——消隐输入端，LE =1 时，译码器处于锁定（保持）状态，译码输出保持在 LE =0 时的数值；LE=0 为正常译码。

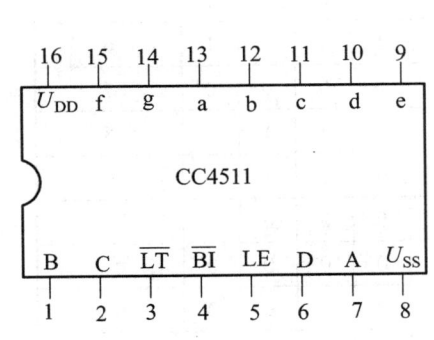

图 2.8.7 CC4511 引脚排列

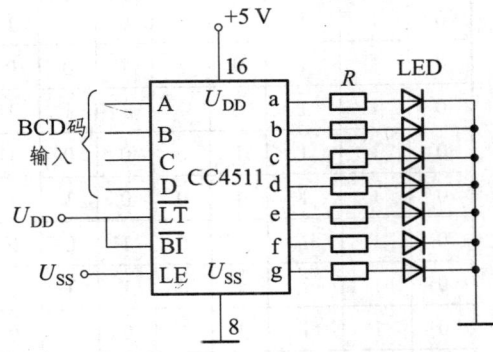

图 2.8.8 CC4511 驱动一位 LED 数码管

在本数字电路实验板上已完成了译码器 CC4511 和数码管 BS202 之间的连接，实验时，只要接通+5 V 电源和将十进制的 BCD 码接至译码器的相应输入端 A, B, C, D 即可显示 0~

9的数字。4位数码管可接受4组BCD码输入。CC4511与LED数码管的连接如图2.8.8所示。

三、实验设备与器件

+5 V直流电源；双踪示波器；连续脉冲源；逻辑电平开关；0-1指示器；拨码开关；译码显示器；74LS138×2，CC4028，CC4511。

四、实验内容

1. 显示译码驱动器CC4511功能测试

按图2.8.8接线，LE，$\overline{BI}$，$\overline{LT}$和A，B，C，D接至逻辑开关的输出插口，接上+5 V显示器的电源，然后按表2.8.2输入信号，观测LED数码管显示的对应数字是否一致，及译码显示是否正常。

2. 74LS138译码器逻辑功能测试

将译码器使能端S_1，$\overline{S_2}$，$\overline{S_3}$及地址端A_2，A_1，A_0分别接至逻辑电平开关输出口，8个输出端$\overline{Y}_7 \sim \overline{Y}_0$依次连接在0-1指示器的8个输入口上，拨动逻辑电平开关，按表2.8.1逐项测试74LS138的逻辑功能。

表2.8.2 CC4511功能表

输 入							输 出							
LE	$\overline{BI}$	$\overline{LT}$	D	C	B	A	a	b	c	d	e	f	g	显示文字
×	×	0	×	×	×	×	1	1	1	1	1	1	1	8
×	0	1	×	×	×	×	0	0	0	0	0	0	0	消隐
0	1	1	0	0	0	0	1	1	1	1	1	1	0	0
0	1	1	0	0	0	1	0	1	1	0	0	0	0	1
0	1	1	0	0	1	0	1	1	0	1	1	0	1	2
0	1	1	0	0	1	1	1	1	1	1	0	0	1	3
0	1	1	0	1	0	0	0	1	1	0	0	1	1	4
0	1	1	0	1	0	1	1	0	1	1	0	1	1	5
0	1	1	0	1	1	0	0	0	1	1	1	1	1	6
0	1	1	0	1	1	1	1	1	1	0	0	0	0	7
0	1	1	1	0	0	0	1	1	1	1	1	1	1	8
0	1	1	1	0	0	1	1	1	1	0	0	1	1	9
0	1	1	1	0	1	0	0	0	0	0	0	0	0	消隐
0	1	1	1	0	1	1	0	0	0	0	0	0	0	消隐
0	1	1	1	1	0	0	0	0	0	0	0	0	0	消隐
0	1	1	1	1	0	1	0	0	0	0	0	0	0	消隐
0	1	1	1	1	1	0	0	0	0	0	0	0	0	消隐
0	1	1	1	1	1	1	0	0	0	0	0	0	0	消隐
1	1	1	×	×	×	×	锁存							锁存

3. 用 74LS138 构成时序脉冲分配器

参照图 2.8.2 和实验原理说明，选择时钟脉冲 CP 频率为 10 kHz，要求分配器输出端 $\overline{Y}_0 \sim \overline{Y}_7$ 的信号与 CP 输入信号同相。

画出分配器的实验电路，用示波器观察和记录在地址端 $A_2 A_1 A_0$ 分别取 000～111 8 种不同状态时 $\overline{Y}_0 \sim \overline{Y}_7$ 端的输出波形。注意输出波形与 CP 输入波形之间的相位关系。

4. 用 74LS138 构成译码器

用 2 片 74LS138 组合成 1 个 4/16 译码器，并进行实验。

5. 二-十进制译码器

选取二-十进制译码器 CC4028，按实验原理说明，自拟实验线路，进行实验和记录。

五、预习要求

① 预习有关译码器和分配器原理。
② 根据实验任务，画出所需的实验线路及记录表格。

六、实验报告要求

① 画出实验线路，把观察到的波形画在坐标纸上，并标上对应的地址码。
② 对实验结果进行分析、讨论。

实验 9 自激多谐振荡器

一、实验目的
① 掌握影响输出脉冲波形参数的定时元件数值的计算方法。
② 掌握使用门电路构成脉冲信号产生电路的基本方法。
③ 学习石英晶体稳频原理和使用石英晶体构成振荡器的方法。

二、实验原理

1. 用晶体管组成的多谐振荡器

图 2.9.1 所示为由晶体管组成的自激多谐振荡器。它只有 2 个暂稳态，即 T_1 饱和、T_2 截止与 T_1 截止、T_2 饱和。

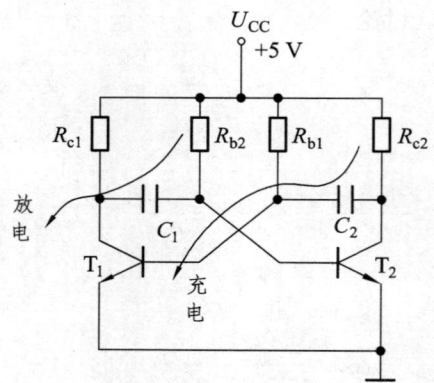

图 2.9.1 晶体管自激多谐振荡器

设 t_1 时刻电路翻转成 T_1 饱和、T_2 截止，这时电容 C_1 通过 R_{b2} 和饱和管 T_1 的集电极放电，同时电源 U_{CC} 沿 R_{c2} 和 T_1 的基极对 C_2 进行充电，一旦 U_{be2} 达到 U_T 时，电路又翻转成 T_2 饱和、T_1 截止，电路进入另一个暂稳态。这时 C_2 通过 R_{b1} 和 T_2 的集电极放电，同时 U_{CC} 经 R_{c1}、T_2 的基极对 C_1 充电，当 U_{be1} 达到 U_T 时，电路又返回第一个暂稳态，形成振荡。

$$t_{w1}=0.7R_{b2}C_1, \quad t_{w2}=0.7R_{b1}C_2, \quad T=t_{w1}+t_{w2}$$

若电路对称，即 $C_1=C_2=C$，$R_{b1}=R_{b2}=R_b$，则 $T=1.4R_bC$，输出方波。

如果要求改善输出脉冲上升沿，就需要对电路进行改进，如图 2.9.2 所示。因为电容的充电电流流经集电极电阻 R_c 是造成输出脉冲上升沿 t_r 的主要原因。现增加一个隔离二极管 D，以避免 C_2 的充电电流经集电极电阻 R''_{c2}。在 C_2 充电时，二极管 D 截止，充电电流经 R'_{c2}，集电极电压 U_A 可以很快上升。在 C_2 放电时，D 导通，放电仍可通过饱和管进行。

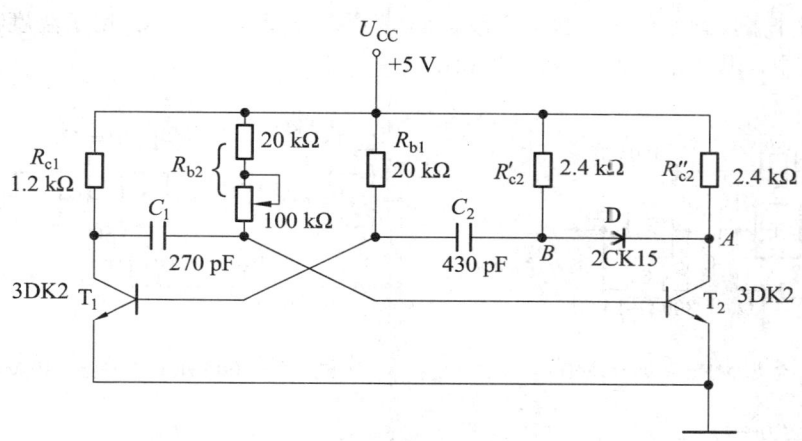

图 2.9.2 改善 U_A 上升沿的晶体管自激多谐振荡器

对电路参数的要求：$\tau_{放} \gg \tau_{充}$，即 $R_{b2}C_1 \gg R''_{c2}C_2$，$R_{b1}C_2 \gg R_{c1}C_1$，在放电的同时，充电要尽快结束。另外，要求 $R_b < \beta_o R_c$，使得导通管处于饱和状态，以保证电路的工作稳定。

2. 用与非门组成的带 RC 电路的环形振荡器

电路如图 2.9.3 所示，其中门 4 用于整形，以改善输出波形；R 为限流电阻，一般取 100 Ω，电位器 $R_P \leq 1$ kΩ。电路利用电容 C 的充放电过程，控制 D 点电压 U_D，从而控制与非门的自动启闭，形成多谐振荡。电容 C 的充电时间 t_{w1}、放电时间 t_{w2} 和总的振荡周期 T 分别为

$$t_{w1} \approx 0.94RC, \quad t_{w2} \approx 1.26RC, \quad T \approx 2.2RC$$

调节 R 和 C 的大小可改变电路输出和振荡频率。

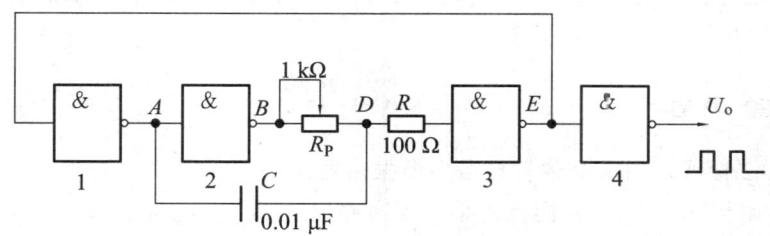

图 2.9.3 带有 RC 电路的环形振荡器

以上这些电路的状态转换都发生在与非门输入电平达到门的阀值电平 U_T 的时刻。在 U_T 附近电容器的充放电速度已经缓慢，而且 U_T 本身也不够稳定，易受温度、电源电压变化等因素以及干扰的影响，因此，电路输出频率的稳定性较差。

3. 石英晶体稳频的多谐振荡器

当要求多谐振荡器的工作频率稳定性很高时，上述精度已不能满足要求。为此常用石英晶体作为信号频率的基准。用石英晶体与门电路构成的多谐振荡器常用来为微型计算机等提供时钟信号。

图 2.9.4 所示为常用的晶体稳频多谐振荡器。图（a），（b）为 TTL 器件组成的晶体振荡电路，图（c），（d）为 CMOS 器件组成的晶体振荡电路。

图 2.9.4（c）中，门 1 用于振荡，门 2 用于缓冲整形；R_f 是反馈电阻，一般取 22 MΩ；

R 起稳定振荡作用,通常取十至数百千欧;C_1 是频率微调电容器,C_2 用于温度特性校正。一般用于电子表中,其中晶体的 f_0 =32 768 Hz。

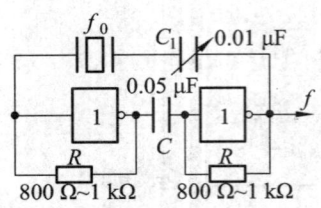
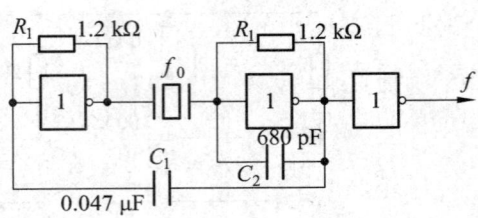

(a) f_0 为几 MHz 到几十 MHz 　　　　(b) f_0 =100 kHz(5 kHz~30 MHz)

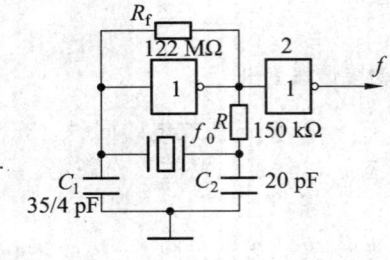
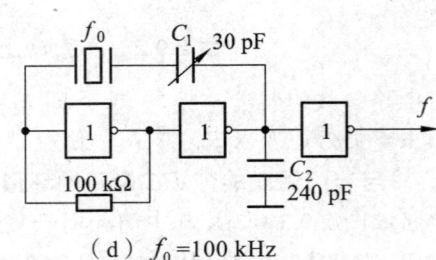

(c) f_0 =32 768 Hz=2^{15} Hz 　　　　(d) f_0 =100 kHz

图 2.9.4 常用的晶体振荡电路

三、实验设备与器件

+5 V 直流电源;双踪示波器;数字频率计;74LS00;74LS04;3DK2×2,2CK15,晶振(32 768 Hz),电位器电阻、电容若干。

四、实验内容

① 按图 2.9.2 接线,组成晶体管自激多谐振荡器。

• 将电位器调至 0,将 A,B 两点短接,观察并记录 U_{c1},U_{be1},U_{c2},U_{be2} 的波形(注意它们之间的相位关系)。

• 断开 A,B 间的短接线,观察隔离二极管的作用,同时观察并记录 U_{c2} 的波形,并与①中观察到的 U_{c2} 波形进行比较。

• 调节电位器,观察 R_{b2} 对输出周期和脉宽的影响。

• 调节电位器使 R_{b2} 增加,直到 U_{c2} 波形上升沿出现台阶。分析 U_{c2} 上升沿出现台阶原因。

② 用 74LS00 按图 2.9.3 接线,其中定时电阻 R_P 用一个 510 Ω 与一个 1 kΩ 的电位器串联,取 R=100 Ω,C=0.1 μF。

• R_P 调到最大时,观察并记录 A,B,D,E 点电压及 U_o 的波形,测出 U_o 的周期 T 和 U_o 负脉冲宽度值(电容 C 的充电时间),并与理论计算值比较。

• 改变 R_P,观察输出信号 U_o 波形的变化情况。

③ 按图 2.9.4(c)接线,晶振选用电子表晶振(32 768 Hz),非门选用 74LS04。用示波器观察输出波形,用频率计测量输出信号频率,并作记录。

五、预习要求

① 预习自激多谐振荡器的工作原理。
② 画出详细实验线路图。
③ 拟好实验数据记录表格等。
④ 在图 2.9.2 所示电路中，为什么加上隔离二极管后能改善输出脉冲的上升沿？

六、实验报告要求

① 画出实验电路，整理实验数据，并与理论值进行比较。
② 用坐标纸画出实验观测到的工作波形图，对实验结果进行分析。

实验 10 单稳态触发器与施密特触发器

一、实验目的

① 掌握使用集成门电路构成单稳态触发器的基本方法。
② 熟悉集成单稳态触发器的逻辑功能及其使用方法。
③ 熟悉集成施密特触发器的性能及其应用。

二、实验原理

在数字系统中,作为时钟信号的矩形波控制和协调整个系统的工作,因此时钟脉冲的特性直接关系到系统能否正常工作。一种矩形波由自激多谐振荡器(不需要外加信号触发的矩形波发生器)产生。另一种矩形波由它激多谐振荡器产生。它激多谐振荡器有两种:单稳态触发器,它需要在外加触发信号的作用下输出具有一定宽度的矩形脉冲波;施密特触发器,它对外加的正弦波等波形进行整形,使电路输出矩形脉冲波。

1. 用与非门组成单稳态触发器

利用与非门作开关,依靠定时元件 RC 电路的充放电来控制与非门的启闭。单稳态电路有微分型与积分型两大类,这两类触发器对触发脉冲的极性与宽度有不同的要求。

微分型触发器如图 2.10.1 所示,其中 R_1、C_1 构成输入端微分隔离电路;R、C 构成微分型定时电路,定时元件 R、C 的取值不同,输出脉宽 t_w 也不同。

$$t_p \approx (0.7 \sim 1.3)RC$$

该电路为负脉冲触发,适用于触发脉冲宽度小于输出脉冲宽度的情况。稳态时 G_1 导通,G_2 截止(G_3 仅起整形倒相作用)。U_i 为负极性时,$U_A\downarrow \to U_B\uparrow$,由于电容端电压不能跃变,故 $U_D\uparrow \to U_E\downarrow$,该低电平使 U_B 高电平得以维持,电路进入暂稳态。此时,电容 C 充电,随着 $I_充\downarrow \to U_D\uparrow$,当 $U_D=U_T$ 时,电路又翻转成 G_1 导通,G_2 截止的稳定状态。若 U_i 的脉宽较小时,则输入端就不必加 R_1C_1 微分电路了。

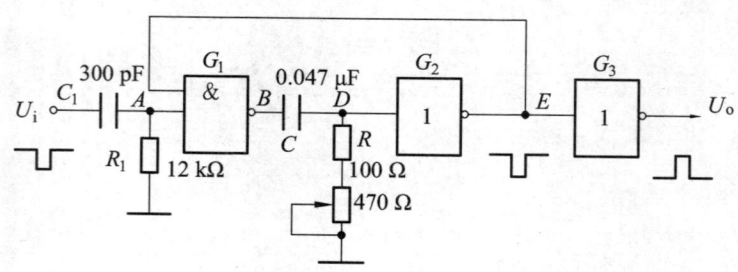

图 2.10.1 微分型单稳态触发器

积分型单稳态触发器如图 2.10.2 所示。电路采用正脉冲触发，适用于触发脉冲宽度大于输出脉冲宽度的情况。其工作波形如图 2.10.3 所示。电路的稳定条件是 $R \leqslant 1\text{ k}\Omega$，输出脉冲宽度 $t_w \approx 1.1RC$。

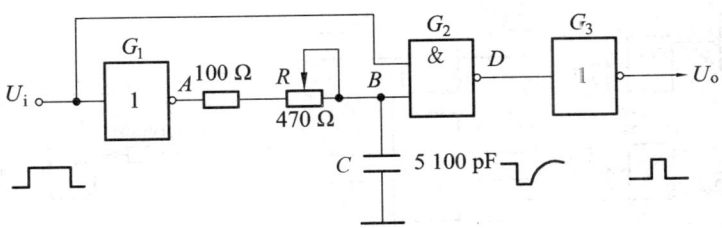

2.10.2 积分型单稳态触发器

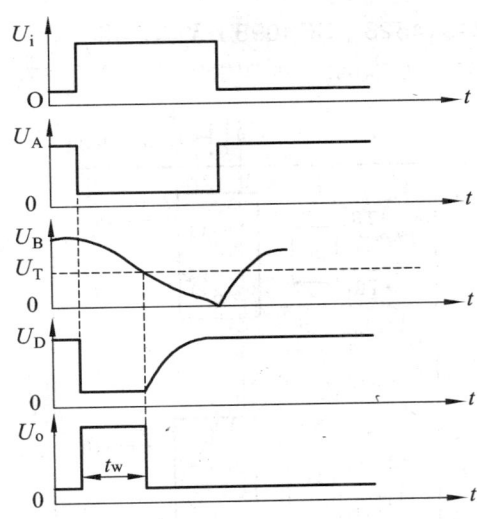

图 2.10.3 积分型单稳态工作波形图

单稳态触发器共同特点是：加入触发脉冲前，电路处于稳态。此时，可以测得各门的输入和输出电位。加入触发脉冲后，电路立刻进入暂稳态。暂稳态的时间，即输出脉冲的宽度 t_w，只取决于 RC 数值的大小，与触发脉冲无关。

2. 用与非门组成施密特触发器

施密特触发器能对正弦波、三角波等信号进行整形，并输出矩形波。图 2.10.4（a），（b）所示是两种典型的电路。（a）图中，门 G_1，G_2 是基本 RS 触发器，门 G_3 是反相器；二极管 D 起电平偏移作用，以产生回差电压。其工作情况如下：设 $U_i=0$，G_3 截止，$R=1$，$S=0$，$Q=1$，$\overline{Q}=0$，电路处于原态。U_i 由 0V 上升到电路的接通电位 U_T 时，G_3 导通，$R=0$，$S=1$，触发器翻为 $Q=0$，$\overline{Q}=1$ 的新状态。此后 U_i 继续上升，电路状态不变。当 U_i 由最大值下降到接近 U_T 值的时间内，R 仍等于 0，$S=1$，电路状态也不变。当 $U_i \leqslant U_T$ 时，G_3 由导通变截止，而 $U_S = U_T + U_D$ 为高电平，因而 $R=1$，$S=1$，触发器状态仍保持。只有 U_i 降至使 $U_S = U_T$ 时，电路才翻回到 $Q=1$，$\overline{Q}=0$ 的原态。电路的回差 $\Delta U = U_D$。

图 2.10.4（b）所示是由电阻 R_1，R_2 产生回差的电路，工作原理请读者自己分析。

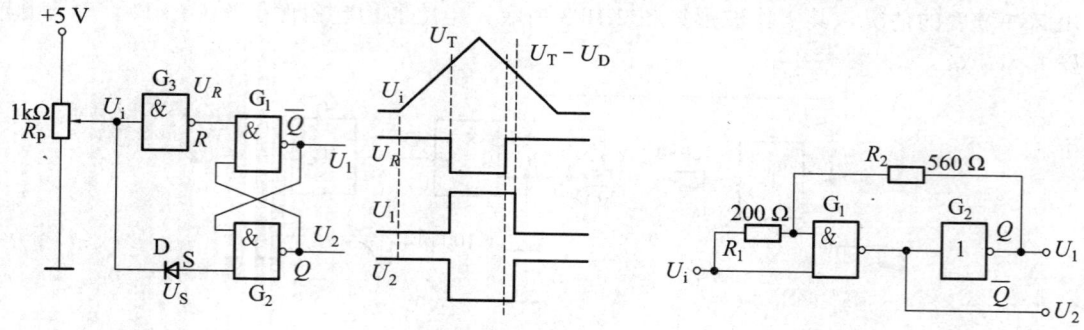

（a）由二极管 D 产生回差的电路　　　（b）由电阻 R_1，R_2 产生回差的电路

图 2.10.4　与非门组成施密特触发器

3. 集成双稳态触发器 CC14528（CC4098）及其应用

图 2.10.5 所示为 CC14528（CC4098）的逻辑符号。其功能真值表如表 2.10.1 所示。

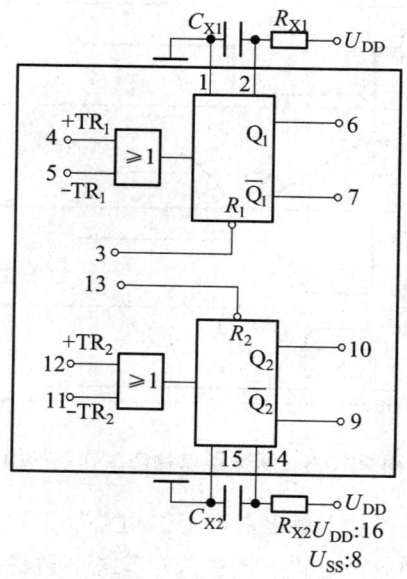

图 2.10.5　CC14582 的逻辑符号

表 2.10.1　CC14528（CC4098）功能真值表

输入			输出	
+TR	−TR	R	Q	$\overline{Q}$
↑	1	1	↑	↓
↑	0	1	Q	$\overline{Q}$
1	↓	1	Q	$\overline{Q}$
0	↓	1	↑	↓
×	×	0	0	1

该器件能提供稳定的单脉冲，脉宽由外部电阻 R_X 和外部电容 C_X 决定，调整 R_X 和 C_X 可使 Q 端和 $\overline{Q}$ 端输出脉冲宽度有一个较宽的范围。本器件可采用上升沿触发（$+TR$）也可用下降沿触发（$-TR$），为使用带来很大的方便。在正常工作时，电路应由每一个新脉冲去触发。当采用上升沿触发时，为防止重复触发，$\overline{Q}$ 必须连到 $-TR$ 端。同样，在使用下降沿触发时，Q 端必须连到 $+TR$ 端。

该触发器的时间周期约为 $T_X = R_X C_X$。

所有的输出级都有缓冲级，以提供较大的驱动电流。

应用举例：

① 实现脉冲延迟，如图 2.10.6 所示。

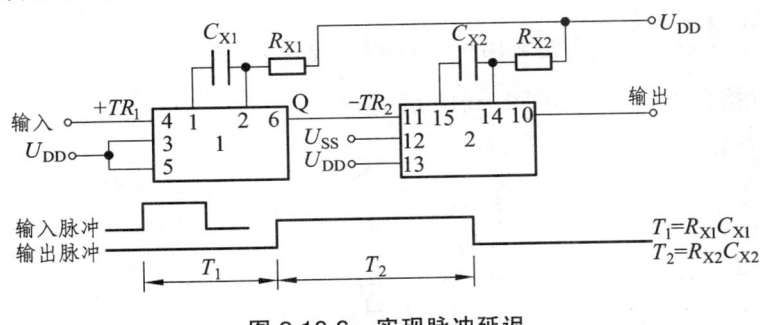

图 2.10.6　实现脉冲延迟

② 实现多谐振荡器，如图 2.10.7 所示。

4. 集成 6 施密特触发器 CC40106 及其应用

图 2.10.7 所示是 CC40106 的逻辑符号及引脚功能。它可用于波形的整形，也可作为反相器或构成单稳态触发器和多谐振荡器。

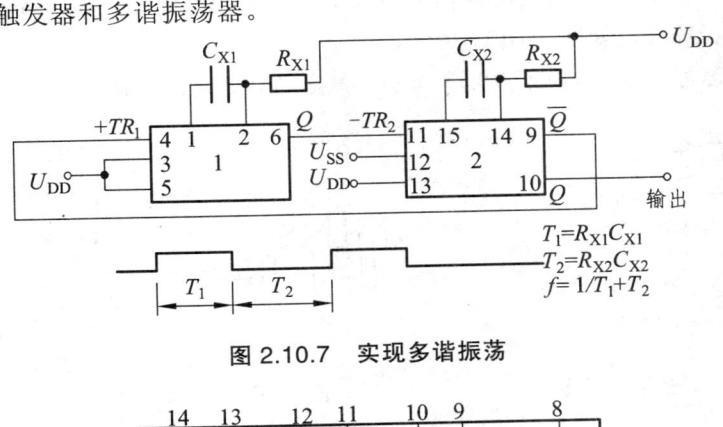

图 2.10.7　实现多谐振荡

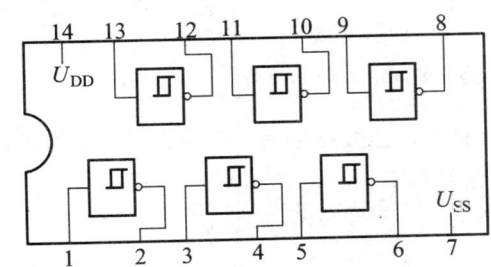

图 2.10.8　CC40106 引脚功能

① 将正弦波转换成方波，如图2.10.9所示。

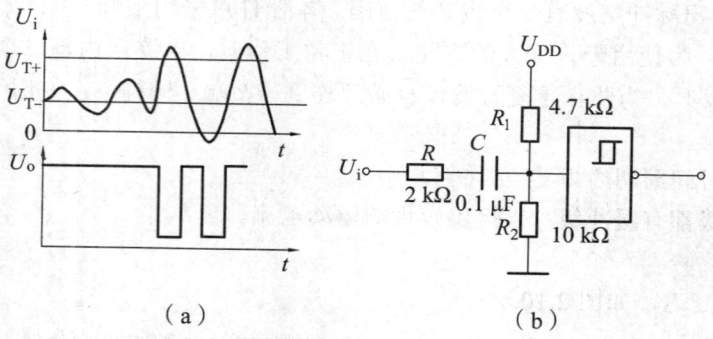

图2.10.9　将正弦波转换成方波

② 构成直接耦合光开关，如图2.10.10所示。

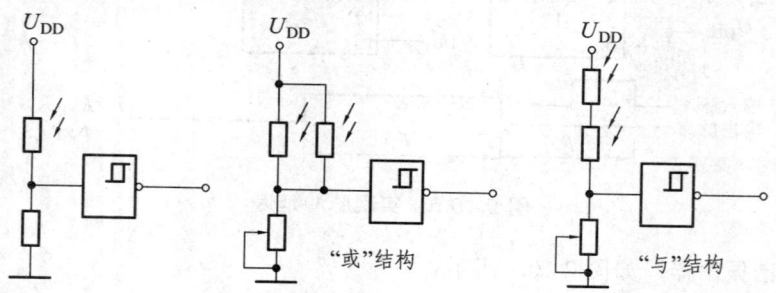

图2.10.10　直接耦合光开关

光照时，输入电压上升至 U_{T+} 时，输出为低电平，光照消失后，输出恢复至高电平。
③ 构成多谐振荡器，如图2.10.11所示。
④ 构成单稳态触发器，如图2.10.12所示。其中（a）为下降沿触发，（b）为上升沿触发。

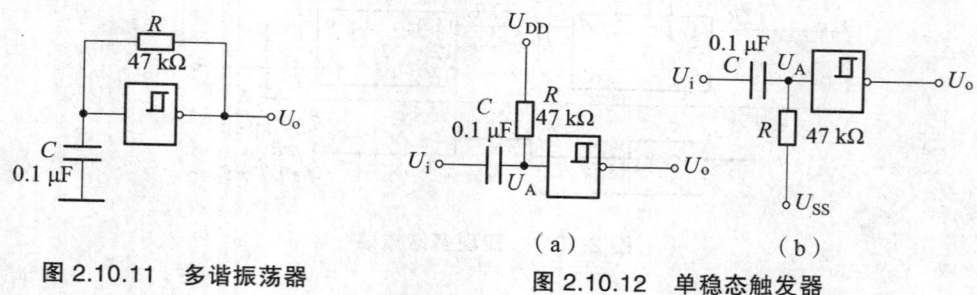

图2.10.11　多谐振荡器　　　　图2.10.12　单稳态触发器

三、实验设备与器件

+5 V直流电源；双踪示波器；连续脉冲源；数字频率计；74LS00，74LS04，CC14528，CC40106，电位器、电阻、电容若干。

四、实验内容

① 按图2.10.1接线，输入1 kHz连续脉冲，用双踪示波器观测 U_i，U_A，U_B，U_D，U_E 及 U_o

的波形，并作记录。

② 改变 R 或 C 的值，重复实验内容①。

③ 按图 2.10.2 接线，重复实验内容①。

④ 按图 2.10.4（a）接线，令 U_i 由 0→5 V 变化，测量 U_1，U_2 的值，并作记录。

⑤ 按图 2.10.6 连线，输入 1 kHz 连续脉冲，用双踪示波器观测输入、输出波形，测定 T_1 与 T_2。

⑥ 按图 2.10.7 连线，用示波器观测输出波形，测定振荡频率。

⑦ 按图 2.10.11 连线，用示波器观测输出波形，测定振荡频率。

⑧ 按图 2.10.9 连线，构成整形电路。被整形信号可由音频信号源提供，图中串联的 2 kΩ 电阻起限流保护作用。正弦信号频率取 1 kHz，调节信号电压由低到高变化，观测输出波形的变化。记录输入信号为 0 V，0.25 V，0.5 V，1.0 V，1.5 V，2.0 V 时的输出波形。

⑨ 分别按图 2.10.12（a），（b）连线，进行实验。

五、预习要求

① 预习有关单稳态触发器和施密特触发器的内容。

② 画出实验线路图。

③ 拟好记录实验结果所需的表格。

六、思考题

微分型单稳态触发器，其输入端如果没有微分电路，当输入信号脉宽大于按元件参数计算的输出脉宽时，电路能否正常工作？为什么？

七、实验报告

① 绘出实验线路图，用坐标纸记录波形。

② 分析各次实验结果的波形，验证有关的理论。

③ 总结单稳态触发器及施密特触发器的特点及其应用。

实验 11　D/A 与 A/D 转换器

一、实验目的

了解大规模集成 D/A（数/模）和 A/D（模/数）转换器的工作原理，通过实验熟悉它们的工作特性、使用方法及简单应用。

二、实验原理

数/模转换（D/A 转换器，简称 DAC）是将数字信号转换成模拟信号的电路，它实质上是一种译码器。模/数转换（A/D 转换器，简称 ADC）是将模拟信号转换成数字信号的电路，它实质上是一种编码器。本实验采用大规模集成电路 DAC0832 实现 D/A 转换，采用 ADC0809 实现 A/D 转换。

1. D/A 转换器 DAC0832

DAC0832 是采用 CMOS 工艺制成的单片电流输出型 8 位数/模转换器。器件的核心部分采用倒 T 形电阻网络的 8 位 D/A 转换器，如图 2.11.1 所示。它是由倒 T 形 R-2R 电阻网络、模拟开关、运算放大器和参考电压 U_{REF} 4 部分组成。运算的输出电压为：

$$u_o = -\frac{U_{REF} R_f}{2^n R}(2^{n-1}D_{n-1} + 2^{n-2}D_{n-2} + \cdots 2^0 D_0)$$

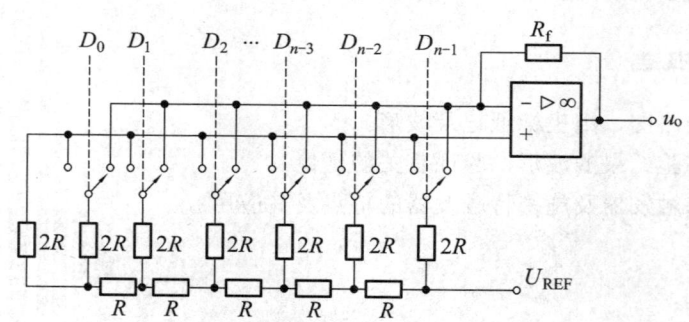

图 2.11.1　倒 T 形电阻网络 D/A 转换电路

由上式可见，输出电压 u_o 与输入的数字量成正比，这就实现了从数字量到模拟量的转换。

一个 8 位的 D/A 转换器有 8 个输入端和一个模拟输出端。每个输入端输入 8 位二进制数的一位，共有 $2^8=256$ 个不同的二进制组态，输出为 256 个电压之一，即输出电压不是整个电压范围内任意值，而只能是 256 个可能值。

如图 2.11.2 是 DAC0832 的逻辑框图和引脚排列图。

$D_0 \sim D_7$：数字信号输入端。

ILE：输入寄存器允许，高电平有效。

$\overline{CS}$：片选信号，低电平有效。

$\overline{WR_1}$：写信号1，低电平有效。

$\overline{XFER}$：传送控制信号，低电平有效。

$\overline{WR_2}$：写信号2，低电平有效。

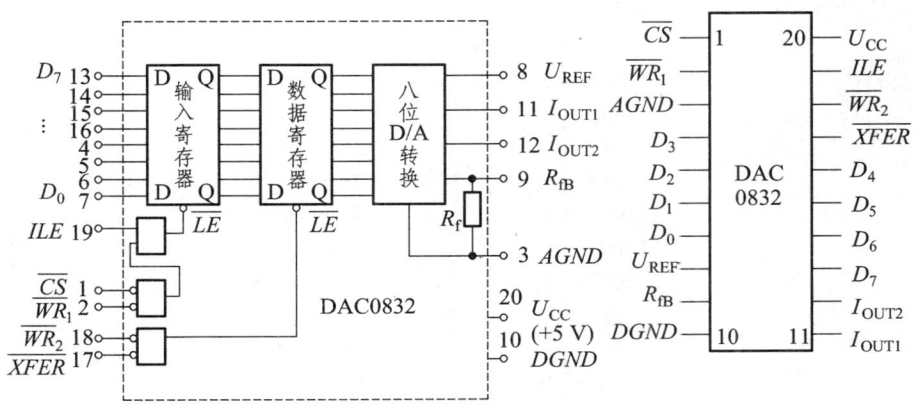

图2.11.2　DAC0832单片D/A转换器逻辑框图和引脚排列

I_{OUT1}，I_{OUT2}：DAC电流输出端。

R_{fB}：反馈电阻，是集成在片内的外接运放的反馈电阻。

U_{REF}：基准电压（-10～+10）V。

U_{CC}：电源电压（+5～+15）V。

AGND：模拟地。

NGND：数字地可与模拟地接在一起使用。

DAC0832输出的是电流，要转换成电压，还必须经过一个外接的运算放大器。实验电路如图2.11.3所示。

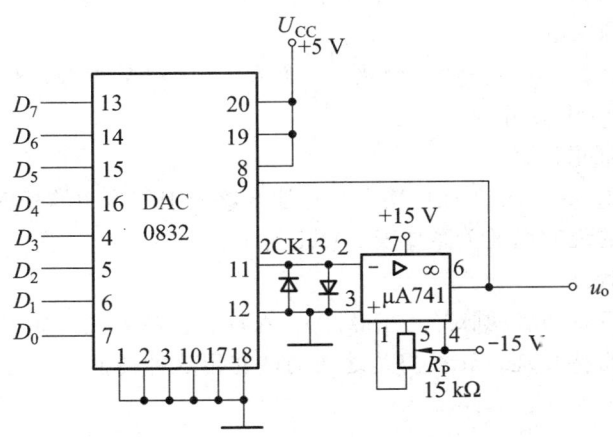

图2.11.3　D/A转换实验电路

2. A/D转换器ADC0809

ADC0809是采用CMOS工艺制成的单片8位8通道逐次渐近型模/数转换器，其引脚排列如图2.11.4所示。

$IN_0 \sim IN_7$：8 路模拟信号输入端。

A_2，A_1，A_0：地址输入端。

ALE：地址锁存允许输入信号。在此脚施加正脉冲，上升沿有效，此时锁存地址码，从而选通相应的模拟信号通道，以便进行 A/D 转换。

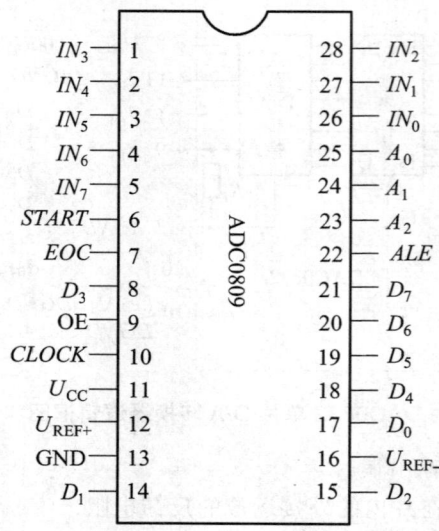

图 2.11.4　ADC0809 引脚排列

START：启动信号输入端。应在此脚施加正脉冲，当上升沿到达时，内部逐次逼近寄存器复位，在下降沿到达后，开始 A/D 转换过程。

EOC：转换结束输出信号（转换结束标志），高电平有效。

OE：输入允许信号，高电平有效。

CLOCK（CP）：时钟信号输入端，外接时钟频率一般为 640 kHz。

U_{CC}：+5 V 单电源供电。

U_{REF+}，U_{REF-}：基准电压的正极、负极。一般 U_{REF+} 接+5 V 电源，U_{REF-} 接地。

$D_7 \sim D_0$：数字信号输出端。

（1）模拟量输入通道选择

8 路模拟开关由 A_2，A_1，A_0 三地址输入端选通 8 路模拟信号中的任何一路进行 A/D 转换。地址译码与模拟输入通道的选通关系如表 2.11.1 所示。

（2）A/D 转换过程

在启动端（START）加启动脉冲（正脉冲），A/D 转换即开始。如将启动端（START）与转换结束端（EOC）直接相连，转换将是连续的，在用这种转换方式时，开始应在外部加启动脉冲。

表 2.11.1　ADC0809 功能表

被选模拟通道		IN_0	IN_1	IN_2	IN_3	IN_4	IN_5	IN_6	IN_7
地址	A_2	0	0	0	0	1	1	1	1
	A_1	0	0	1	1	0	0	1	1
	A_0	0	1	0	1	0	1	0	1

三、实验设备及器件

+5 V，±15 V 直流电源；双踪示波器；连续脉冲源；逻辑电平开关；0-1 指示器；直流数字电压表；DAC0832，ADC0809，CC4024，μA741，电位器、电阻、电容若干。

四、实验内容

① 由 CC4024 与 R-$2R$ 倒 T 形网络实现 D/A 变换，$R=50\ \text{k}\Omega$，线路如图 2.11.5 所示。CP 接单次脉冲源，U_o 接直流数字电压表。

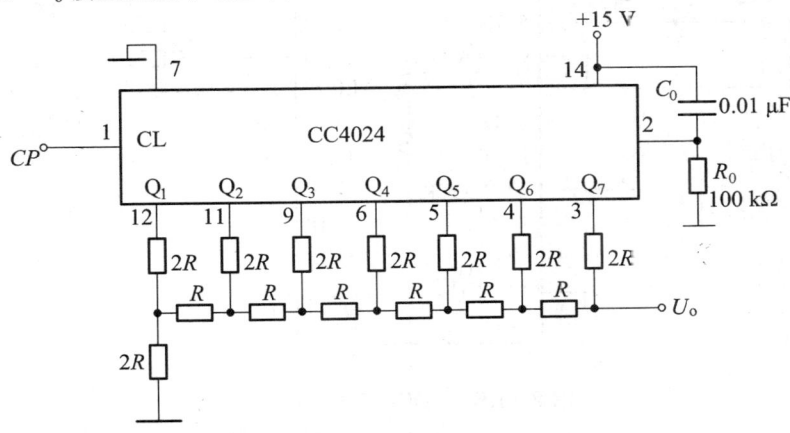

图 2.11.5 由 CC4024 与 R-$2R$ 组成的 D/A 转换电路

接通电源，利用 R_0，C_0 使 CC4024 清零。每送一个单脉冲，测量一次 U_o，并作记录。

② 按图 2.11.3 接线，$D_0 \sim D_7$ 接至逻辑开关的输出插口，输出端 u_o 接直流数字电压表。

- $D_0 \sim D_7$ 全置零，调节运放的电位器使 μLA741 输出为零。
- 按表 2.11.2 输入数字信号，用数字电压表测量运放的输出电压 u_o，并将测量结果填入表中。

表 2.11.2 D/A 转换测试值

输入数字量								输出模拟量 u_o/V	
D_7	D_6	D_5	D_4	D_3	D_2	D_1	D_0	$U_\text{CC}=-5\text{ V}$	$U_\text{CC}=+15\text{ V}$
0	0	0	0	0	0	0	0		
0	0	0	0	0	0	0	1		
0	0	0	0	0	0	1	0		
0	0	0	0	0	1	0	0		
0	0	0	0	1	0	0	0		
0	0	0	1	0	0	0	0		
0	0	1	0	0	0	0	0		
0	1	0	0	0	0	0	0		
1	0	0	0	0	0	0	0		
1	1	1	1	1	1	1	1		

- 按图 2.11.6 接线，变换结果 $D_0 \sim D_7$ 接 LED 指示器输入插口；CP 时钟脉冲由脉冲信号

源提供,为便于观测,$f=30\sim 50$ Hz;$A_0\sim A_2$ 地址端 0 电平接地,1 电平通过 1 kΩ 电阻接+5 V 电源。按表 2.11.3 的要求观察、记录 8 路模拟信号 $IN_0\sim IN_7$ 的转换结果,并将结果换算成十进制数表示的正电压值,同时与数字电压表实测的各路输入电压值进行比较,分析误差原因。

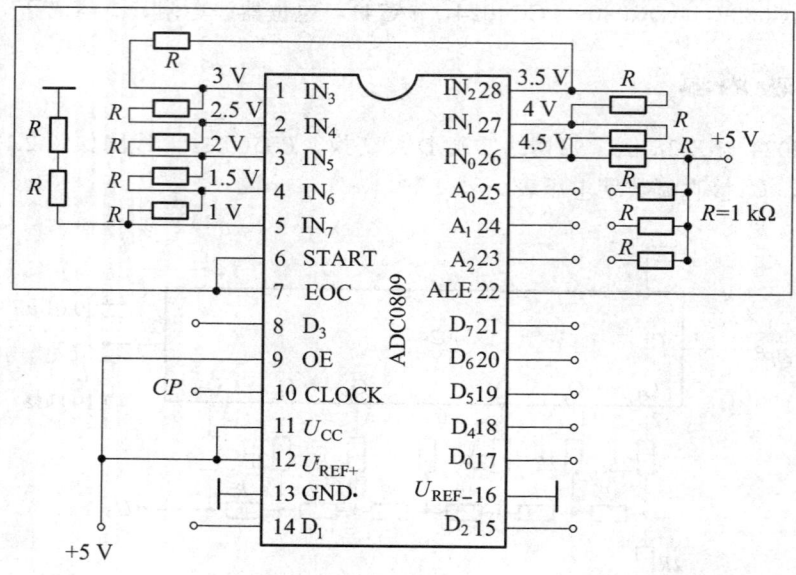

图 2.11.6 ADC0809 实验线路

表 2.11.3 A/D 转换测试值

被选模拟通道 IN	输入模拟量 u_i/V	地址 $A_2A_1A_0$	输出数字量								十进制
			D_7	D_6	D_5	D_4	D_3	D_2	D_1	D_0	
IN_0	4.5	000									
IN_1	4.0	001									
IN_2	3.5	010									
IN_3	3.0	011									
IN_4	2.5	100									
IN_5	2.0	101									
IN_6	1.5	110									
IN_7	1.0	111									

五、预习要求

① 预习 A/D,D/A 转换器的工作原理。
② 熟悉 ADC0809,DAC0832 各引脚功能及使用方法。
③ 绘制完整的实验线路。

六、实验报告要求

整理实验数据,分析实验结果。

实验 12　555 定时器及其应用

一、实验目的

① 熟悉 555 定时器电路原理及其功能。
② 掌握 555 定时器的基本应用。

二、实验原理

555 定时器是一种中规模集成电路，只要外接少量的阻容元件，就可以很方便地构成单稳态触发器、多谐振荡器和施密特触发器，因而其在信号的产生与变换、自动检测及控制、定时和报警、家用电器等方面得到极为广泛的应用。

555 定时器根据内部器件类型可分为双极型和单极型，有单或双定时器集成电路。双极型型号为 555（单）和 556（双），电源电压使用范围为 5～15 V，输出电流可达 200 mA；单极型型号为 7555（单）7556（双），电源电压使用范围为 2～18 V，但输出电流只有 1 mA。

1. 555 定时器工作原理

555 定时器的内部电路如图 2.12.1 所示。它含有 2 个电压比较器，1 个基本 RS 触发器，1 个放电开关管 T。比较器的参考电压由 3 只 5 kΩ 的电阻器构成分压器提供。它们分别使高电

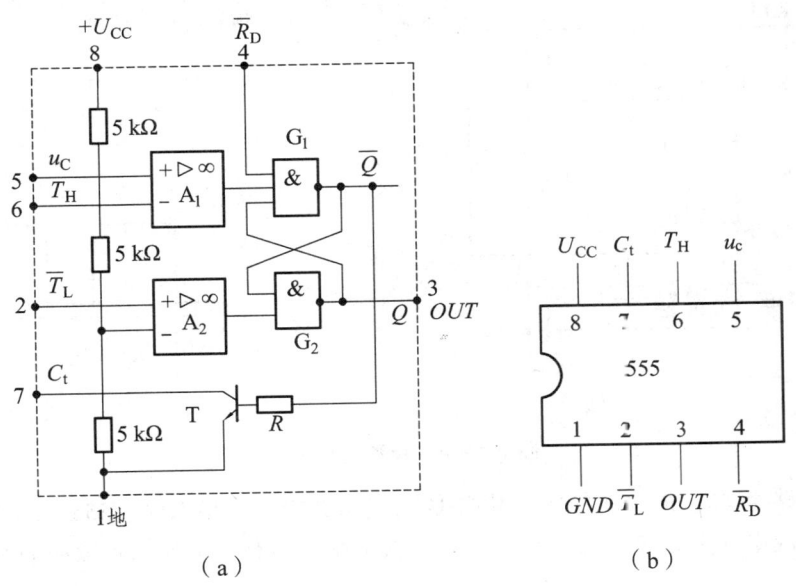

图 2.12.1　555 定时器内部电路图及引脚排列

平比较器 A_1 的同相输入端和低电平比较器 A_2 的反相输入端的参考电平为 $\frac{2}{3}U_{CC}$ 和 $\frac{1}{3}U_{CC}$。A_1 与 A_2 的输出控制 RS 触发器状态和放电管开关状态。当输入信号自 6 脚，即高电平触发输入

并超过参考电平（$\frac{2}{3}U_{CC}$）时，触发复位，555 定时器的输出端（3 脚）输出低电平，同时放电开关管寻通；当输入信号自 2 脚输入并低于 $\frac{1}{3}U_{CC}$ 时，触发器置位，555 定时器的 3 脚输出高电平，同时放电开关管截止。

$\overline{R_D}$ 是复位端，当 $\overline{R_D}=0$ 时，555 定时器输出低电平。平时 $\overline{R_D}$ 端开路或接 U_{CC}。

u_C 是控制电压端（5 脚），平时输出 $\frac{2}{3}U_{CC}$ 作为比较器 A_1 的参考电平。当 5 脚外接一个输入电压，即改变了比较器的参考电平，从而实现对输出的另一种控制。在不接外加电压时，通常接一个 0.01 μF 的电容器到地，起滤波作用，以消除外来的干扰，从而确保参考电平的稳定。

T 为放电管，当 T 导通时，将给接于 7 脚的电容器提供低阻放电通路。

555 定时器主要是与电阻、电容构成充放电电路，并由两个比较器来检测电容器上的电压，以确定输出电平的高低和放电开关的通断。这就很方便地构成从几微秒到数十分钟的延时电路，可方便地构成单稳态触发器、多谐振荡器、施密特触发器等脉冲产生或波形变换电路。

2. 555 定时器的典型应用
（1）构成单稳态触发器

图 2.12.2（a）所示为由 555 定时器和外接定时元件 R，C 构成的单稳态触发器。

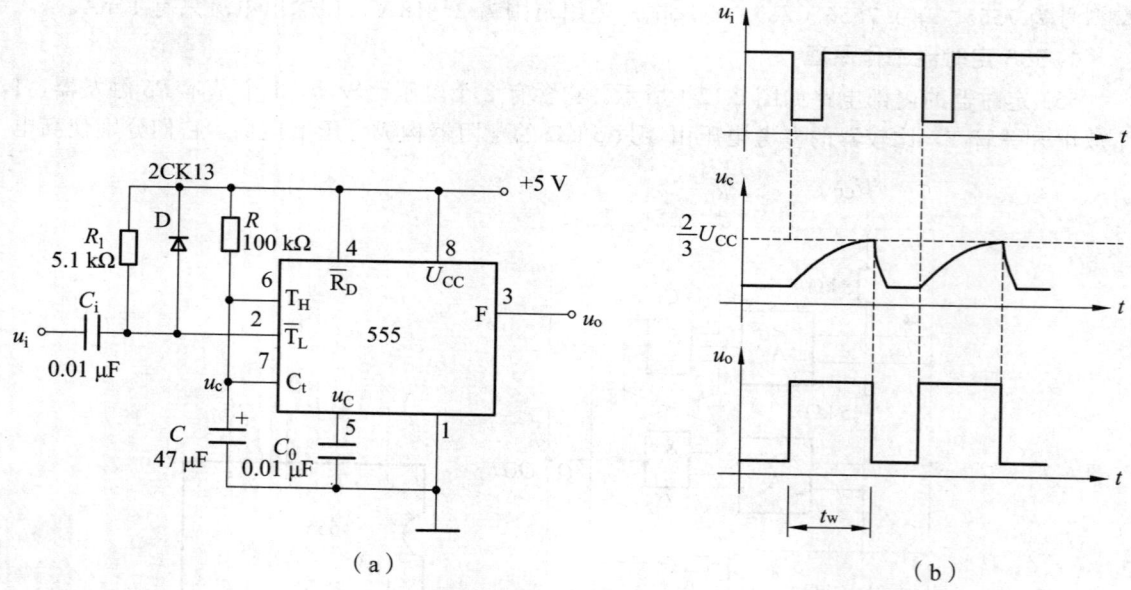

图 2.12.2 单稳态触发器

触发器电路由 C_1，R_1，D 构成，其中 D 为钳位二极管。稳态时，555 电路输入端处于电源电平，内部放电开关管 T 导通，输出端输出低电平。当有一个外部负脉冲触发信号经 C_1 加到 2 端，并使 2 端电位瞬时低于 $\frac{1}{3}U_{CC}$ 时，低电平比较器动作，单稳态电路即开始一个暂态过程：电容 C 开始充电，u_C 按指数规律增长，当 u_C 充电到 $\frac{2}{3}U_{CC}$ 时，高电平比较器动作，比较器 A_1 翻转，输出 u_o 从高电平返回低电平，放电开关管 T 重新导通，电容 C 上的电荷很快经放电开关管放电，暂态结束，恢复稳态，为下个触发脉冲的来到做好准备。其波形图如图 2.12.2（b）所示。暂稳态的持续时间 t_w（即延时时间）决定于外接元件 R，C 的大小。

$$t_w = 1.1RC$$

通过改变 R，C 的大小，可使延时时间在几微秒到几十分钟之间变化。当这种单稳态电路作为计时器时，可直接驱动小型继电器，并可以使用复位端（4 脚）接地的方法来中止暂态，重新计时。此外尚须用一个续流二极管与继电器线圈并接，以防继电器线圈的反电势损坏内部功率管。

（2）构成多谐振荡器

如图 2.12.3（a）所示，多谐振荡器由 555 定时器和外接元件 R_1，R_2，C 构成，脚 2 与脚 6 直接相连。电路没有稳态，仅存在两个暂稳态。电路也不需要外加触发信号，利用电源通过 R_1，R_2 向 C 充电，以及 C 通过 R_2 向放电端 C_1 放电，使电路产生振荡。电容 C 在其端电压下降到 $\frac{1}{3}U_{CC}$ 和上升到 $\frac{2}{3}U_{CC}$ 时进行充电和放电，其波形如图 2.12.3（b）所示。输出信号的时间参数是

$$T = t_{w1} + t_{w2}，\quad t_{w1}=0.7(R_1+R_2)C，\quad t_{w2}=0.7R_2C$$

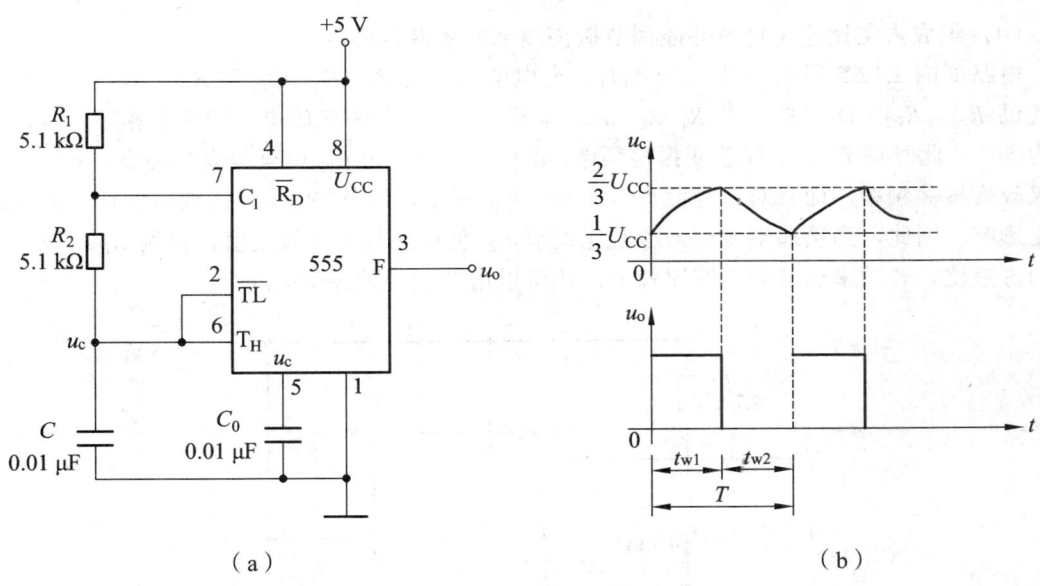

图 2.12.3 多谐振荡器

555 电路要求 R_1 与 R_2，均大于或等于 $1\ k\Omega$，但（R_1+R_2）应小于或等于 $3.3\ M\Omega$。

外部元件的稳定性决定了多谐振荡器的稳定性，555 定时器配以少量的元件即可获得较高精度的振荡频率和较强的功率输出能力。因此，这种形式的多谐振荡器应用很广。

（3）组成占空比可调的多谐振荡器

电路如图 2.12.4 所示，它比图 2.12.3 所示电路增加了一个电位器和两个导引二极管。D_1，D_2 用来决定电容充、放电电流流经电阻的途径（充电时 D_1 导通，D_2 截止；放电时 D_2 导通，D_1 截止）。

占空比

$$q = \frac{t_{w1}}{t_{w1}+t_{w2}} \approx \frac{0.7R_A C}{0.7C(R_A+R_B)} = \frac{R_A}{R_A+R_B}$$

可见,若取尺 $R_A=R_B$,电路即可输出占空比为 50% 的方波信号。

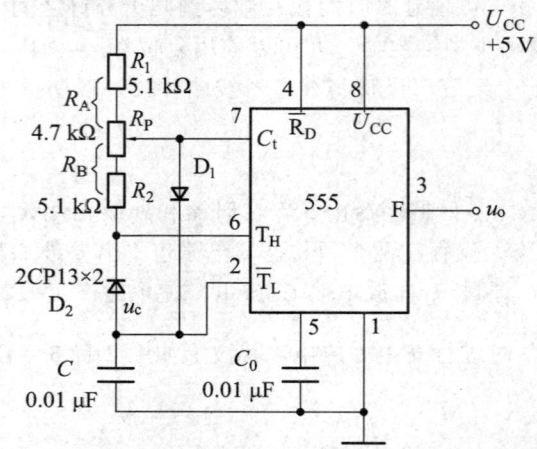

图 2.12.4　占空比可调的多谐振荡器

(4) 组成占空比连续可调并能调节振荡频率的多谐振荡器

电路如图 2.12.5 所示。对 C_1 充电时,充电电流通过 R_1、D_1、R_{P2} 和 R_{P1};放电时,放电电流通过 R_{P1}、R_{P2}、D_2、R_2。当 $R_1=R_2$,R_{P2} 调至中心点时,因充放电时间基本相等,其占空比约为 50%。此时调节 R_{P1},仅改变振荡频率,占空比不变。如 R_{P2} 调至偏离中心点,再调节 R_{P1},不仅改变振荡频率,而且对占空比也有影响。R_{P1} 不变,调节 R_{P2},仅改变占空比,对振荡频率无影响。因此,当接通电源后,应首先调节 R_{P1} 使振荡频率至规定值,再调 R_{P2},以获得需要的占空比。若频率调节的范围比较大,还可以用波段开关改变 C_1 的值。

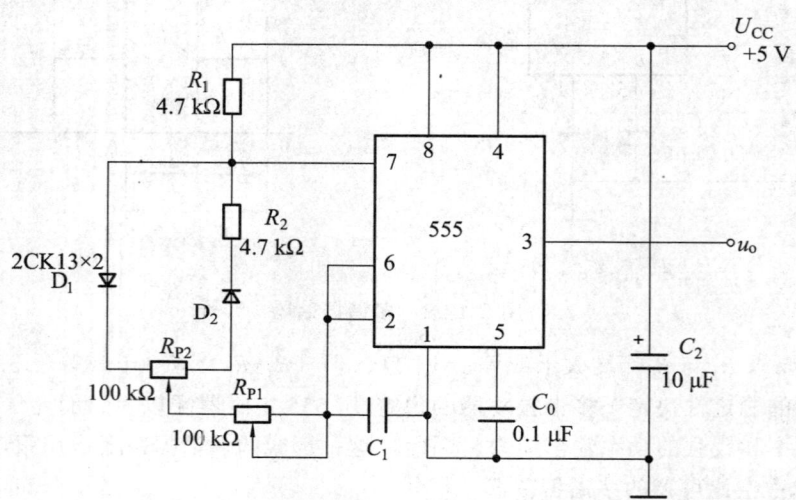

图 2.12.5　占空比与频率均可调的多谐振荡器

(5) 组成施密特触发器

电路如图 2.12.6 所示,只要将 2,6 脚连在一起作为信号输入端,即得到施密特触发器。

图 2.12.7 是 u_s，u_i 和 u_o 的波形图。

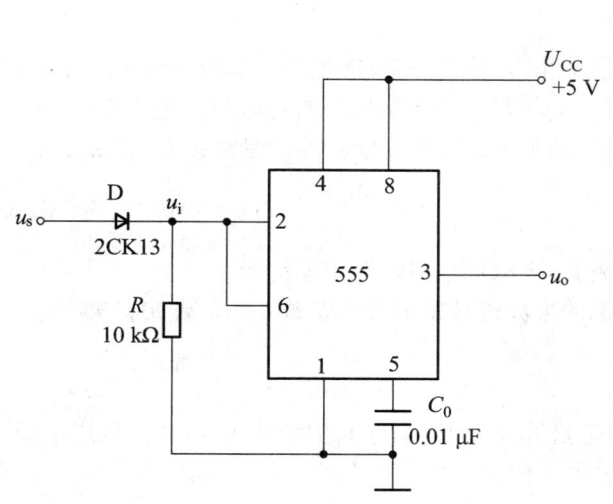

图 2.12.6 施密特触发器　　　　　图 2.12.7 波形变换图

设被整形变换的电压为正弦波 u_s，其正半周通过二极管 D 同时加到 555 定时器的 2 脚和 6 脚，得到 u_i 为半波整流波形。当 u_i 上升到 $\frac{2}{3}U_{CC}$ 时，u_C 从高电平翻转为低电平；当 u_i 下降到 $\frac{1}{3}U_{CC}$ 时，u_o 又从低电平翻转为高电平。电路的电压传输特性曲线如图 2.12.8 所示。

回差电压为：

$$\Delta u = \frac{2}{3}U_{CC} - \frac{1}{3}U_{CC} = \frac{1}{3}U_{CC}$$

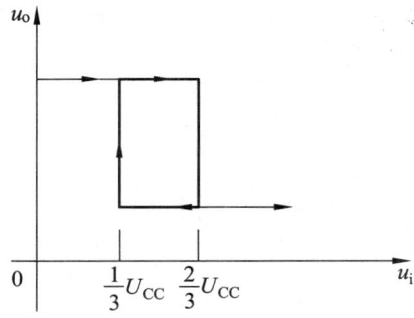

图 2.12.8 电压传输特性

三、实验设备与器件

+5 V 直流电源；双踪示波器；连续脉冲源；单次脉冲源；音频信号源；数字频率计；0-1 指示器；555 定时器，2CK13×2，电位器、电阻、电容若干。

四、实验内容

1. 单稳态触发器

① 按图 2.12.2 连线,取 $R=100\,\text{k}\Omega$,$C=47\,\mu\text{F}$,输出接 LED 电平指示器,输入信号 u_i 由单次脉冲源提供,用双踪示波器观测 u_i、u_C、u_o 波形,测定幅度与暂稳时间(用手表计时)。

② 将 R 改为 $1\,\text{k}\Omega$,C 改为 $0.1\,\mu\text{F}$,输入端加 $1\,\text{kHz}$ 的连续脉冲,观测波形 u_i、u_C、u_o,测定幅度及延时时间。

2. 多谐振荡器

① 按图 2.12.3 接线,用双踪示波器观测 u_C 与 u_o 的波形,测定振荡频率。

② 按图 2.12.4 接线,组成占空比为 50% 的方波信号发生器,观测 u_C、u_o 波形,测定波形参数。

3. 施密特触发器

按图 2.12.6 接线,输入信号为 $1\,\text{kHz}$ 的正弦信号,预先调好 u_i 的频率为 $1\,\text{kHz}$,接通电源,逐渐加大 u_s 的幅度,观测输出波形,测绘出电压传输特性,算出回差电压 Δu。

五、预习要求

① 根据所选实验任务,阅读有关实验原理,进行必要的分析和计算。

② 画出实验电路图,拟定实验数据和波形记录表格。

六、实验报告要求

① 绘出完整的实验线路图及观测到的波形。

② 分析、总结实验结果。

实验 13 电子秒表

一、实验目的

① 学习电子秒表的基本原理与调试方法。
② 熟悉中规模集成电路的综合应用。

二、实验原理

电子秒表的电路原理如图 2.13.1 所示,可按功能分成 4 个单元电路进行分析。

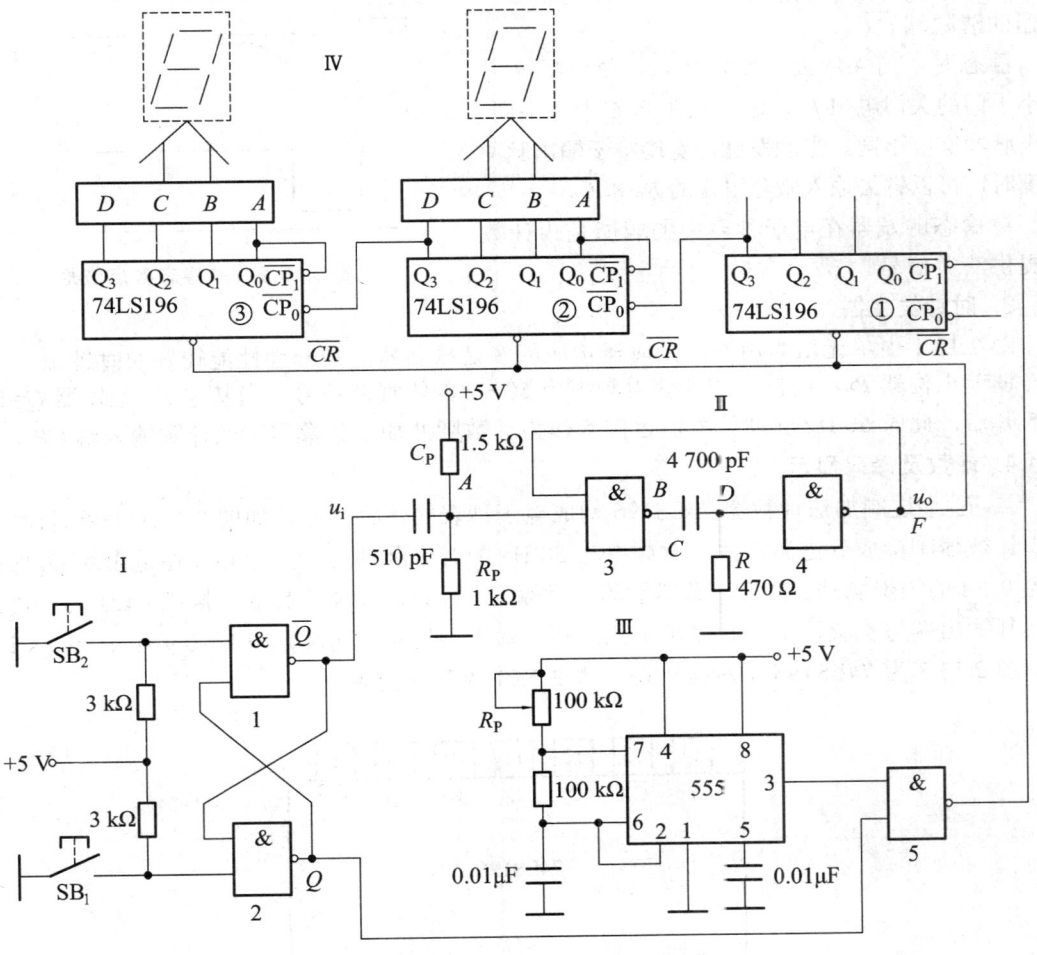

图 2.13.1 电子秒表电原理图

1. 基本 RS 触发器

图 2.13.1 中单元 I 为由集成与非门构成的基本 RS 触发器,属于低电平直接触发的触发器,

有直接置位、复位的功能。

它的一路输出 $\overline{Q}$ 作为单稳态触发器的输入，另一路输出 Q 作为与非门 5 的输入控制信号。

按动按钮开关 SB_2（接地），则门 1 输出 $\overline{Q}=1$，门 2 输出 $Q=0$，SB_2 复位后 Q，$\overline{Q}$ 状态保持不变。再按动按钮开关 SB_1，则 Q 由 0 变为 1，门 5 开启，为计数器启动做好准备；$\overline{Q}$ 由 1 变 0，送出负脉冲，启动单稳态触发器工作。

2. 单稳态触发器

图 2.13.1 中单元Ⅱ为用集成与非门构成的微分型单稳态触发器。图 2.13.2 为各点波形图。

单稳态触发器的输入触发负脉冲信号 u_i 由基本 RS 触发器 $\overline{Q}$ 端提供，输出负脉冲 u_o 则加到计数器的清除端 $\overline{CR}$。

静态时，门 4 应处于截止状态，故电阻 R 必须小于门的关门电阻 R_{off}。定时元件 R，C 取值不同，输出脉冲宽度不同。当触发脉冲宽度小于输出脉冲宽度时，可以省去输入微分电路的 R_P 和 C_P。

单稳态触发器在电子秒表中的职能是为计数器提供清零信号。

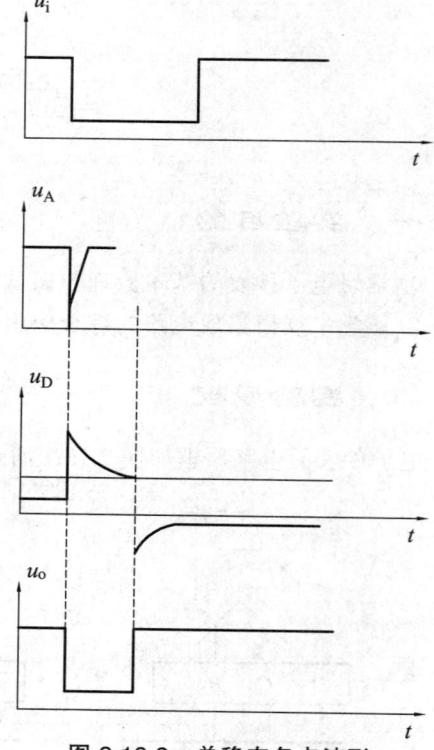

图 2.13.2　单稳态各点波形

3. 时钟发生器

图 2.13.1 中单元Ⅲ为用 555 定时器构成的多谐振荡器，是一种性能较好的时钟源。

调节电位器 R_P，使输出端 3 获得频率为 50 Hz 的矩形波信号。当基本 RS 触发器 $Q=1$ 时，门 5 开启，此时 50 Hz 脉冲信号通过门 5 作为计数脉冲加于计数器①的计数输入端 $\overline{CP_1}$。

4. 计数及译码显示

二-五-十进制加法计数器 74LS196 构成电子秒表的计数单元，如图 2.13.1 中单元Ⅳ所示。其中计数器①接成五进制形式，对频率为 50 Hz 的时钟脉冲进行五分频，在输出端 Q_3 取得周期为 0.1 s 的矩形脉冲，作为计数器②的时钟输入。计数器②及计数器③接成 8421 码十进制形式，其输出端与实验板上译码显示单元的相应输入端连接，可显示 0.1~0.9 s；1~9.9 s 计时。

图 2.13.3 为 74LS196 引脚排列图。表 2.13.1 为其功能表。

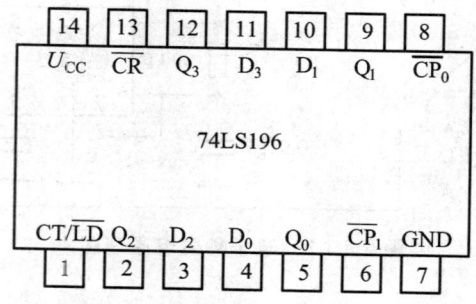

图 2.13.3　74LS196 引脚排列

表 2.13.1 74LS196 功能表

输入							输出			
$\overline{CR}$	$CT/\overline{LD}$	$\overline{CP}$	D_3	D_2	D_1	D_0	Q_3	Q_2	Q_1	Q_0
0	×	×	×	×	×	×	0	0	0	0
1	0	×	d_3	d_2	d_1	d_0	d_3	d_2	d_1	d_0
1	1	↓	×	×	×	×	加计数			

异步清除 $\overline{CR}$ 为低电平时,可完成清除功能,与时钟脉冲 $\overline{CP_0}$,$\overline{CP_1}$,状态无关。清除功能完成后,应置高电平。

计数/置数控制端 $CT/\overline{LD}$ 为低电平时,输出端 $Q_3 \sim Q_0$ 可预置成与数据输入端 $D_3 \sim D_0$ 相一致的状态,而与 $\overline{CP_0}$,$\overline{CP_1}$ 状态无关。预置后置高电平。

计数时 $\overline{CR}$,$CT/\overline{LD}$ 置高电平,在 $\overline{CP_0}$,$\overline{CP_1}$ 下降沿作用下进行计数。

① 十进制数(8421码):$\overline{CP_1}$ 与 Q_0 连接,计数脉冲由 $\overline{CP_0}$ 输入。

② 二-五混合进制计数:$\overline{CP_0}$ 与 Q_3 连接,计数脉冲由 $\overline{CP_1}$ 输入。

③ 二分频、五分频计数:$\overline{CP_0}$ 输入,在 Q_0 得二分频输出;$\overline{CP_1}$ 输入,在 $Q_1 \sim Q_3$ 得五分频输出。

三、实验设备及器件

+5 V 直流电源;双踪示波器;直流电压表;数字频率计;单次脉冲源;连续脉冲源;逻辑电平开关;0-1 指示器;译码显示单元;74LS00×2,555×1,74LS196×3,电阻、电容若干。

四、实验内容

1. 基本 RS 触发器的测试

测试方法参考实验 6。

2. 单稳态触发器的测试

① 静态测试:用直流数字电压表测量 A,B,D,F 各点电位值,并记录。

② 动态测试:输入端接 1 kHz 连续脉冲源,用示波器观察并描绘 A、B、D、F 点电压波形。如单稳态输出脉冲持续时间太短,难以观察,可适当加大微分电容 C(如改为 0.1μF),待测试完毕后,再恢复 4 700 pF。

3. 时钟发生器的测试

测试方法参考实验 12。用示波器观察输出电压波形并测量其频率,调节 R_P,使输出矩形波频率为 50 HZ。

4. 计数器的测试

① 按图 2.13.1 把计数器①接成五进制形式,$\overline{CR}$,$CT/\overline{LD}$,$D_3 \sim D_0$ 接逻辑开关,$\overline{CP_1}$ 接单次脉冲源,$Q_3 \sim Q_1$ 接实验板上译码显示单元输入端 C,B,A,按表 2.13.1 逐项测试其逻辑功能,并记录。

② 按图 2.13.1 把计数器②及计数器③接成 8421 码十进制形式,重复实验内容①,进行逻辑功能测试,并记录。

③ 按图 2.13.1 把计数器①、②、③级连,进行逻辑功能测试,并记录。

5. 电子秒表的整体测试

各单元电路测试正常后，按图 2.13.1 把几个单元电路连接起来，进行电子秒表总体测试。先按一下按钮开关 SB_2，此时电子秒表不工作，再按一下按钮开关 SB_1，则计数器清零后便开始计时，观察数码管显示计数情况是否正常。如需要暂停计时，按一下开关 SB_2，计时立即停止，但数码管保留所计时的值。

6. 电子秒表准确度的测试

利用电子钟或手表的秒计时对电子秒表进行校准。

五、预习要求

① 预习数字电路中基本 RS 触发器、单稳态触发器、时钟发生器及计数器等部分内容。
② 列出电子秒表各单元电路的测试表格。
③ 列出调试电子秒表的步骤。

六、实验报告要求

① 总结电子秒表整个调试过程。
② 分析调试中发现的问题及故障排除方法。

实验 14　综合实验

数字频率计是一种高精度、多功能的数字化测量仪器，可以用来测量频率、周期、脉宽、速率、频率比等，还可以用来计数。所有测量数据均用数码管显示。由于该仪器不存在一般测量仪器所具有的刻度误差和读数误差，以及采用频率稳定度极高的石英晶体振荡器作为时基标准，因而测量精度非常高。

一、工作原理

脉冲信号的频率就是在单位时间内所产生的脉冲个数，其表达式为 $f=N/T$。其中，f 为被测信号的频率，N 为计数器所累计的脉冲个数，T 为产生 N 个脉冲所需的时间。计数器所记录的结果，就是被测信号的频率。如在 1s 内记录 1 000 个脉冲，则被测信号的频率为 1 000 Hz。

本实验仅讨论一种简单易制的数字频率计，其原理如图 2.14.1 所示。

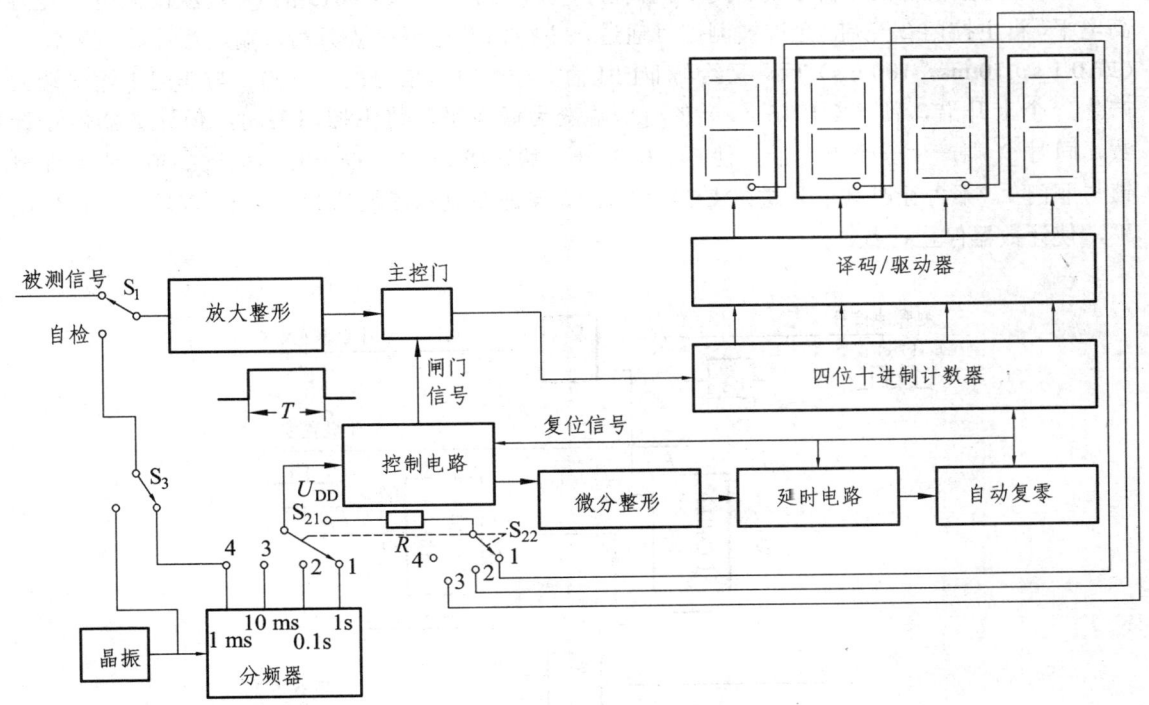

图 2.14.1　数字频率计原理框图

晶振产生较高的标准频率，经分频后可获得各种时基脉冲（1 ms，10 ms，0.1 s，1 s 等），时基信号的选择由开关 S_2（S_{21} 和 S_{22}）控制。被测频率的输入信号经放大整形后变成矩形脉冲加到主控门的输入端。如果被测信号为方波，则放大整形电路可以省去，将被测信号直接加到主控门的输入端。时基信号经控制电路产生闸门信号至主控门,只有在闸门信号采样期间内(时基信号的一个周期),输入信号才通过主控门。若时基信号的周期为 T,进入计数器的输入脉冲数为 N,则被测信号的频率 $f_x=N/T$。改变时基信号的周期 T,即可得到不同的测频范围。当主控门关闭时,计数器停止计数,显示器显示记录结果。此时控制电路输出一个置零信号,经延时,整形电路的延时,当达到所调节的延时时间时,延时电路输出一个复位信号,使计数器和所有的触发器置 0,为后续新的一次取样做好准备,即能锁住一次显示的时间,保留到接受新的一次取样为止。

当开关 S_2 改变量程时,小数点能自动移位。

若开关 S_1,S_2 配合使用,可将测试状态转为"自检"工作状态(即用时基信号本身作为被测信号输入)。

二、有关单元电路的设计及其工作原理

1. 控制电路

控制电路与主控门电路如图 2.14.2 所示。

主控电路由双 D 触发器 CC4013 及与非门 CC4011 构成。CC4013(a)的任务是输出闸门控制信号,以控制主控门 2 的开启与关闭。如果通过开关 S_2 选择一个时基信号,当给与非门 1 输入一个时基信号的下降沿时,门 1 就输出一个上升沿,则 CC4013 的 Q_1 端就由低电平变为高电平,将主控门 2 开启。允许被测信号通过该主控门并送至计数器输入端进行计数。相隔 1 s(或 0.1 s,10 ms,100 ms)后,又给与非门 1 输入一个时基信号的下降沿,与非门 1 输出端又产生一个上升沿,使 CC4013(a)的 Q_1 端变为低电平,将主控门关闭,使计数器停止计数,同时 $\overline{Q_1}$ 端产生一个上升沿,使 CC4013(b)翻转成 $Q_2=1$,$\overline{Q_2}=0$。由于 $\overline{Q_2}=0$,它立即封锁与非门 1,不再让时基信号进入 CC4013(a),保证在显示读数的时间内 Q_1 端始终保持低电平,使计数器停止计数。

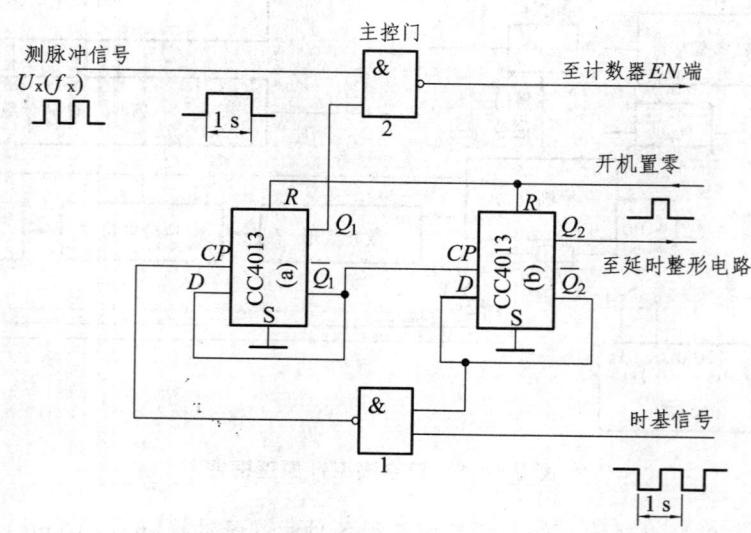

图 2.14.2 控制电路及主控门电路

利用 Q_2 端的上升沿送到下一级的延时、整形单元电路。当到达所调节的延时时间时,延

时电路输出端立即输一个正脉冲,将计数器和所有 D 触发器全部置 0。复位后,Q_1=0,$\overline{Q_1}$=1,为下一次测量做好准备。当时基信号又产生下降沿时,则上述过程重复。

2. 微分、整形电路

电路如图 2.14.3 所示。CC4013 的 Q_2 端所产生的上升沿经微分电路后,送到由与非门 CC4011 组成的施密特整形电路的输入端,在其输出端可得到一个边沿十分陡峭且具有一定脉宽的负脉冲,然后再送至下一级延时电路。

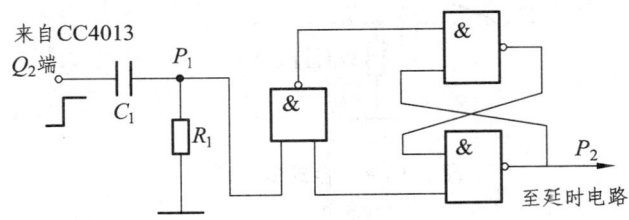

图 2.14.3 微分、整形电路

3. 延时电路

延时电路由 1 个 D 触发器 CC4013(c)、积分电路(由电位器 R_{p1} 和电容器 C_1 组成)、非门以及单稳态电路所组成,如图 2.14.4 所示。由于 CC4013 的 D 端接 U_{DD},因此,在 P_2 点所产生的上升沿作用下,CC4013 翻转,翻转后 $\overline{Q_3}$=0。由于开机置"0"时或门①(见图 2.14.5)输出正脉冲将 CC4013 的 Q_3 端置"0",因此 $\overline{Q_3}$=1,经二极管 2AP9 迅速给电容 C_1 充电,使 C_1 两端的电压达"1"电平,而此时 $\overline{Q_3}$=0,电容器 C_1 经电位器 R_{F1} 缓慢放电。当电容器 C_1 上的电压放电至非门 3 的阀值电平 U_T 时,非门 3 的输出端立即产生一个上升沿,触发下一级单稳态电路。此时,P_3 点输出一个正脉冲,该脉冲宽度主要取决于时间常数 R_tC_t 的值,延迟时间为上一级电路的延迟时间及这一级延迟时间之和。

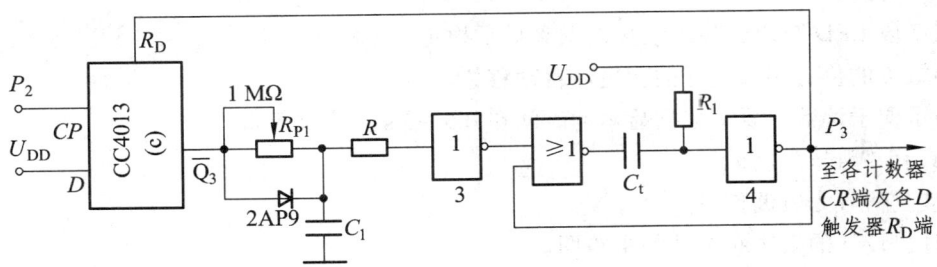

图 2.14.4 延迟电路

由实验求得,如果电位器用 510 Ω 的电阻代替,C_1 取 22 μF,则总的延迟时间也就是显示器所显示的时间为 3 s 左右。如果电位器用 2 MΩ 的电阻取代,C_1 取 22 μF,则显示时间可在 10 s 左右。可见,调节电位器 R_{p1} 可以改变显示时间。

P_3 点产生的正脉冲送到自动清零电路,如图 2.14.5 所示,将各计数器及所有的触发器置零。在复位脉冲的作用下,Q_3=0,$\overline{Q_3}$=1,于是 $\overline{Q_3}$ 端的高电平经二极管 2AP9 再次对电容 C_1 充电,补上刚才放掉的电荷,使 C_1 两端的电压恢复为高电平。又因为 CC4013(b)复位后使 $\overline{Q_2}$ 再次变为高电平,所以与非门又被开启,电路重复上述变化过程。

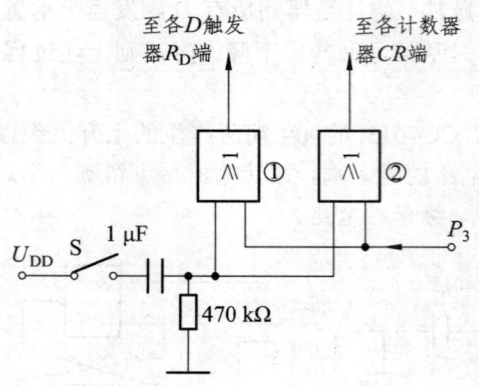

图 2.14.5　自动复零电路

三、设计任务和要求

使用中、小规模集成电路设计与制作一台简易的数字频率计。应具有下述功能：

① 位数：

计 4 位十进制数。计数位数主要取决于被测信号频率的高低，如果被测信号频率较高，精度又较高，可相应增加显示位数。

② 量程：

- 第一挡：最小量程挡，最大读数是 9.999 kHz，闸门信号的采样时间为 1 s。
- 第二挡：最大读数为 99.99 kHz，闸门信号的采样时间为 0.1 s。
- 第三挡：最大读数为 999.9 kHz，闸门信号的采样时间为 10 ms。
- 第四挡：最大读数为 9 999 kHz，闸门信号的采样时间为 1 ms。

③ 显示方式：

- 用 7 段 LED 数码管显示读数，做到显示稳定，不跳变。
- 小数点的位置跟随量程的变更而自动移位。
- 为了便于读数，要求数据显示的时间在 0.5～5 s 内连续可调。

④ 具有"自检"功能。

⑤ 被测信号为方波信号。

⑥ 画出设计的数字频率计的电路图。

⑦ 组装和调试。

- 时基信号通常使用石英晶体振荡器输出的标准频率信号经分频电路获得。为了实验调试方便，可用实验板上脉冲信号源输出的 1 kHz 方波信号经 3 次 10 分频获得。
- 按设计的数字频率计逻辑图在实验板上布线。
- 将 1 kHz 方波信号送入分频器的 CP 端，用数字频率计检查各分频级的工作是否正常。

用周期为 1 s 的信号作控制电路的时基信号输入，用周期等于 1 ms 的信号作被测信号，用示波器观察和记录控制电路输入、输出波形，检查控制电路所产生的各控制信号能否按正确的时序要求控制各个子系统。用周期为 1 s 的信号送入各计数器的 CP 端，用发光二极管指示检查各计数器的工作是否正常。用周期为 1 s 的信号作延时、整形单元电路的输入，用两只发光二极管作指示，检查延时、整形单元电路的输入，用两只发光二极管作指示，检查延时、整形单元电路的工作是否正常。若各个子系统的工作都正常，将各子系统连起来统调。

⑧ 写出综合实验报告。

四、实验设备与器件

+5 V 直流电源；双踪示波器；连续脉冲源；0-1 指示器；直流数字电压表；数字频率计；CC4518（二-十进制同步计数器）×4，CC4553（三位十进制计数器）×2，CC4013（双 D 型触发器）×2，CC4011（四 2 输入与非门）×2，CC4069（六反相器）×1，CC4001（四 2 输入或非门）×1，CC4071（四 2 输入或门）×1，2AP9（二极管）×1。

若测量的频率范围低于 1 MHz，分辨率为 1 Hz，建议采用如图 2.14.6 所示的电路，只要参数选择正确，连线无误，通电后即能正常工作，无须调试。

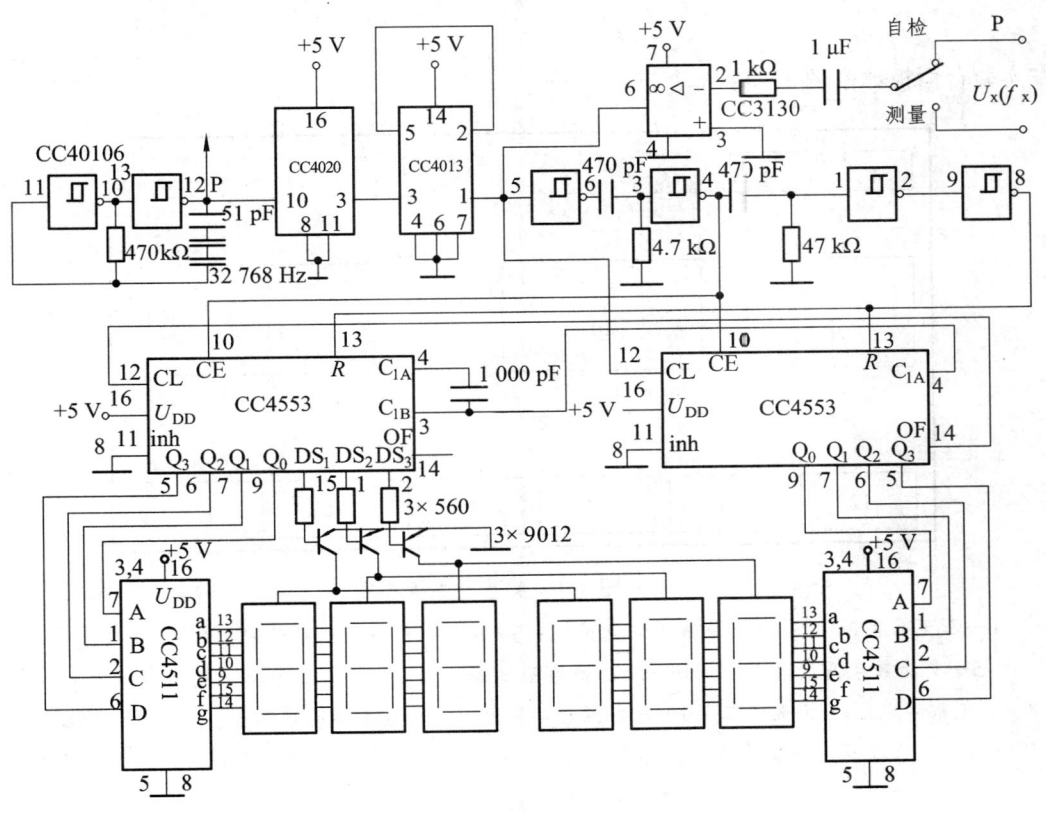

图 2.14.6　0～999 999 Hz 数字频率计线路图

附录 1
DZX-1 型电子综合实验台使用说明

实验台面板如附图 1.1 所示。

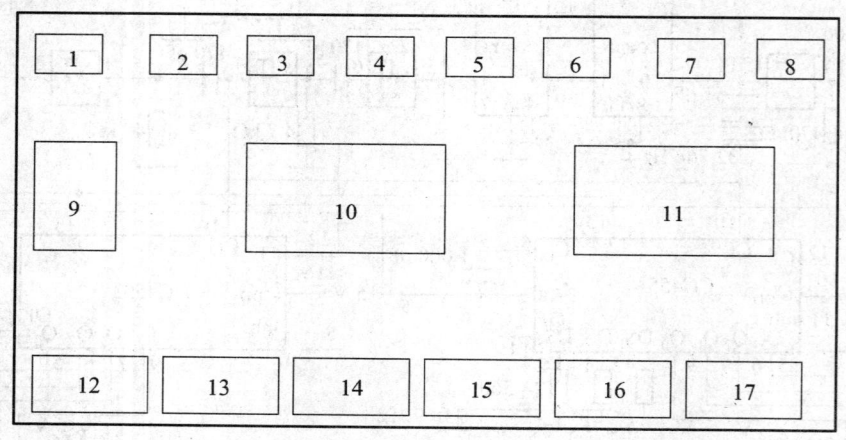

附图 1.1 实验台面板布局

1—石英数字钟；2—数字集成电路测试仪；3—6 位七段全译码显示器；4—等精度频率计；
5—交流数字毫伏表（一）；6—交流数字毫伏表（二）；7—直流数字电压/电流表（一）；
8—直流数字电压/电流表（二）9—总电源启动显示；10—数电实验线路板；11—模电实验线路板；
12—实验台启动程序与操作说明；13—五功能逻辑笔；14—脉冲信号发生器；15—直流稳压电源；
16—晶体管测试仪；17—函数信号发生器

一、装置的启动、交流电源控制及功能测试

① 将装置左后侧的三芯电源插头插入 220 V 单相交流电源插座。
② 将自耦调压器逆时针旋至零位。
③ 开启"交流电源控制"（单元 9）中的漏电保护器，电源指示灯亮。
④ 按下"启动"按钮，可听见屏内交流接触器瞬时吸合声，此时，指针式交流电压表读数应为 220 V 左右；自耦调压器的原边也接通电源；220 V 交流电也同时引至相关单元交流电

源开关处；接通石英数字钟的电源，数字钟应闪动显示"12：00"，等待调整。

⑤ 将电压指示切换开关置于右侧（调压输出），顺时针调节自耦调压器的转柄，电压表指示值应从 0 偏转至 250 V；控制屏左侧面的两处单相三孔插座处应有 0～250 V 连续可调的交流电压输出，右侧面的两处单相三孔电源插座处应有固定的交流 220 V 电压输出。

⑥ 开启工频 25 V 电源开关，调节自耦调压器，测量输出电压，其调节范围应为 0～25 V 连续可调。

⑦ 控制屏内装有电压型漏电保护装置，当交流电源线碰壳，或有漏电现象发生时，即发出告警信号，告警指示灯亮，并使接触器释放，切断各单元的电源，以确保实验的安全；在故障排除之后，按一下"复位"键就可重新启动。

至此，装置启动完毕，可进行其他各单元的检查、调整，或着手实验。实验完毕，应先关闭各单元的电源开关，然后按一下"停止"按钮，最后关断电源总开关，电源指示灯熄灭。

二、主要单元的功能、结构特点与使用说明

1. 直流稳压电源（单元 15）

开启本单元的电源开关，电源指示灯和±5 V 输出指示灯亮，表示±5 V 的插孔处有电压输出；±12 V 输出指示灯亮，表示±12 V 的插孔处有±12 V 电压输出；而 0～30 V 两组电源，配有专用数字电压表，若输出正常，可显示输出实际电压值。这 6 路输出均具有短路软截止保护功能。两路 0～30 V 直流稳压电源为连续可调的电源，若将两路 0～30 V 电源串联，并令公共点接地，可获得 0～±30 V 的可调电源；若串联后令一端接地，可获得 0～60 V 的可调电源。直流稳压电源的 6 路输出的额定电流分别为 1 A，1 A，1 A，1 A，0.75 A 和 0.75 A。使用时可用控制屏上的数字直流电压表来测试稳压电源的输出值。

2. 基准脉冲信号发生器（单元 14）

本单元能提供一组正、负单次脉冲信号源，22 个标准的方波信号源和一个可用作计数的连续可调的脉冲信号源。使用时，只要开启本单元的开关，在各个输出插孔处即可输相应的脉冲信号。

单次脉冲信号源由一个防抖动电路和一个按键组成。每按一次键，绿灯灭红灯亮，表明在两个输出插孔处分别输出一个正、负单次触发脉冲。

基准脉冲信号源是由晶振通过分频电路获得标准频率的方波信号源。本单元设置了从 Q_4～Q_{26} 共 22 个不同频率的输出插孔，使用时可随意选择。各输出口的频率可按下式确定：

$$f_n = \frac{4\,194\,304}{2^n} \text{（Hz）}$$

如 Q_{22} 输出口的方波信号频率是标准的 1 Hz。

频率连续可调的计数脉冲信号源能在很宽的范围内（0.5 Hz～500 kHz）调节输出频率，可用作低频计数脉冲源；在中间一段较宽的频率范围，则可用作连续可调的方波激励源。

3. 函数信号发生器（单元 17）

本信号源的正弦波信号产生电路是利用集成运放和场效应管等根据 *RC* 文氏振荡器原理设计而成的，具有优良的波形特性；经比较器及集成门控电路，可产生方波、四脉方列、八脉方列信号。其输出频率范围为 2 Hz～2 MHz，输出幅度峰-峰值为 0～20 V_{p-p}，输出负载为

（50±2.5）Ω。由单片机 89C2051 和 6 位共阴极 LED 数码管组成的数字频率计可显示输出频率，频率计的分辨率为 10^{-6} Hz。

使用时，开启总电源开关，频率计显示输出信号的频率。电缆输出接口用于接入示波器，观察输出信号波形和作为激励信号的输入。

调节"波形选择"按钮，可在"正弦""方波""三角波"中选定所需的波形。

调节"波段选择"按钮，可在 6 个频段中选定所需的频段。各频段的频率范围是：

Ⅰ频段——2～20 Hz；

Ⅱ频段——20～200 Hz；

Ⅲ频段——200～2 kHz；

Ⅳ频段——2～20 kHz；

Ⅴ频段——20～200 kHz；

Ⅵ频段——200～2 MHz。

调节"粗""细"两个频率调节电位器，依照频率计的显示值，可确定输出信号频率。调节"幅度调节"电位器，可改变输出信号的幅度（可利用装置上的交流毫伏表进行测量）。

4. 16 位开关电平输出（单元 10）

本单元提供 16 只小型单刀双掷开关及与之对应的开关电平输出插口。当开关向上拨（即拨向"高"）时，与之相对应的输出插孔输出高电平（5 V）；当开关向下拨（即拨向"低"）时，相对应的输出插孔输出低电平（0 V）。

使用时，只要开启直流稳压电源开关，此单元便能正常工作。

5. 数字集成电路测试仪（单元 2）

（1）功　能

本测试仪是用单片机开发而成的智能化仪器，具有高速破译数字集成电路芯片型号的功能，能区分相同逻辑功能的 74LS 系列和 74HC 系列的芯片，可检测已知型号集成电路的好坏，可自动列出相同功能的其他可代用的芯片型号，并可对集成电路进行动态老化。集成电路芯片测试范围包括 74/54LS 系列、74/54HC 和 HCT/C 系列、CMOS40××× 系列、CMOS45×× 系列以及部分模拟集成电路，共计 548 种，几乎覆盖所有常用的数字集成电路。本测试仪的显示器采用 7 位共阴极绿色 LED 数码管。

（2）使用方法

开启本单元电源开关，显示器应显示"PC"，当按"复位"键后，也显示"PC"，表明已进入测试初始状态。

① 破译集成电路型号。

在显示器显示"PC"状态下，按一下"执行"键，显示器将显示一闪动的"正弦曲线"（最后一个数码管显示隐 8 字），此时只要将集成电路夹于锁紧夹中，即能显示出该芯片完整的型号，如 74LS125，CD4060，CD4553 等。如有相同功能的其他型号芯片，将循环显示出本芯片及其他代用芯片的型号。

② 检测已知型号芯片的好坏。

在显示器显示"PC"状态下，连续按动"功能"键，将依次显示如下各功能符号："74LS" "74HC" "CD40" "CD45"，（"ANG" "F500" "Fl000" "F5000" "F10000" "CCP" 及 "COU"），括号内的功能在本装置中未采用。

例如，欲检测 74HC125 芯片的好坏，首先应按"功能"键，在显示器显示"74HC"后，再分别按"数 1""数 2""数 3"键，使"74HC"后的显示值为"125"。然后按"执行"键，显示器将循环显示"74HC125"和"bad I. C."。当被测的芯片夹入锁紧夹中后，若芯片完好，则显示器循环显示"74HC125"和"GOOD I. C."，否则仍显示"bad I. C."；若输入型号有错，也将显示"bad I. C."；若输入的型号不属于本测试仪的测试范围，则显示"NO I. C."。

(3) 操作注意事项

① 在按"执行"键之前，不要在锁紧夹中放置任何芯片。

② 放置芯片的规则是：将芯片的缺口朝上，使芯片的第 1 脚与夹子上的第 1 脚（旁边有"."示记）对齐。

6. 等精度频率计（单元 4）

(1) 功　能

本频率计是用单片机 89C51 和 6 位共阴极绿色 LED 数码管等器件设计而成，是智能型的频率计，具有高精度、高稳定、量程自动切换等优异的性能。

测频范围：2 Hz～2 MHz。

测频显示精度：10^{-6}。

测频显示精度：50 mV～5 V。

(2) 使用方法

① 开启本单元的电源开关，显示器显示"000000"。

② 按下带锁定的直键开关，使其处于"自检"状态，显示器显示频率为 32 768.1 Hz，表明频率计工作正常。

③ 释放直键开关，使其处于"测量"状态，并用电缆线将被测信号接入输入插口，显示器将显示被测信号的精确频率值；

④ 如单片机因遇瞬间强干扰而"死锁"时，只需按一下"复位"键，即可恢复正常工作。

7. 晶体管测试仪（单元 16）

(1) 功　能

该测试仪外接示波器，即可图示 PNP 型和 NPN 型中、小功率晶体管共发射极的输入特性与输出特性。还可观测负载线和测定放大倍数等参数。

仪器面板简介：

① 基极阶梯电流（mA）选择开关：分为 0，0.01，0.02，005，0.1，0.2 和 0.5 共 7 挡，用以改变被测晶体管的输入电流大小。

② 集电极扫描电压（V）调节电位器：峰值电压连续可调范围为 0～20 V。

③ 晶体管类型选择直键开关：用于改变阶梯电压和集电极电压的极性，按下直键开关时测 NPN 型晶体管，释放直键开关为测 PNP 型晶体管。

④ 功耗限制电阻（kΩ）选择开关：分为 0，0.1，0.2，0.5，1，2 和 5 共 7 挡。功耗电阻串联在被测晶体管的集电极电路上，其作用是限制被测管的集电极功耗和观测负载线。

⑤ 面板上的接线柱"X"为被测管的 U_{ce} 输出端，接线柱"Y"为集电极电流取样电压输出端，位于中间的黑色接线柱为公共地线。

(2) 使用方法

① 输出端"X"接示波器的 X 轴（采用衰减探头），输出端"Y"接示波器的 Y 轴；示波

器的 X 轴扫描时间选择开关选至"X 外接";触发源选择开关置于"外";触发信号耦合方式开关置于"DC";示波器 Y 轴输入耦合方式开关置于"DC";灵敏度可预置于"0.2 V/div"挡,以后视实际情况再行调整。

② 开启本单元电源开关之前,先按被测管的类型选择相应的阶梯电压和确定晶体管类型直键开关的位置,将集电极扫描信号调到零位,将基极阶梯信号拨至零位,将功耗限制电阻预置在 1 kΩ 处,然后插入被测管(注意分清 e,b,c 3 个管脚,不可接错)。

③ 晶体管输出特性曲线的观测:开启示波器和本单元的电源开关,指示灯亮;基极阶梯信号调至 0.02 mA(电流的大小应根据被测管的使用条件而定);逐步增大集电极扫描信号,即可显示出 8 条特性曲线;适当选取示波器 Y 轴的灵敏度及功耗电阻,以达到观测的要求。

④ 晶体管电流放大系数 β 的测定:

$$\beta = \frac{\Delta I_c}{\Delta I_b} = \frac{S_Y \times h}{I_b \times R_c}$$

式中　S_Y——示波器 Y 轴的灵敏度,mV/div;

　　　h——相邻两条曲线之间的垂直距离,cm;

　　　I_b——基极阶梯电流,mA/div;

　　　R_c——集电极电流取样电阻,本电路取为 1 Ω。

8. 交流数字毫伏表(一)(二)(单元 5,6)

测量 0 mV~600 V 的交流电压,电压表指示为正弦波有效值。

测量时应根据被测对象选取合适的量程,如事先不知道被测电压的大小,则应先从大量程测起。

9. 直流数字电压/电流表(单元 7,8)

通过选择按键可选择测量直流电压或直流电流,使用时注意选择合适的量程。

三、试验台操作目的

学会使用试验台上的交流毫伏表、直流电压/电流表、稳压电源和信号发生器。

四、试验台操作内容

① 观察交流毫伏表、直流电压/电流表的测量范围,观察多路稳压电源的输出及调整范围。

② 信号发生器的使用。观察信号发生器输出频率范围及调整方法、输出电压波形的选择及输出电压的调整范围。

用交流毫伏表测量信号发生器输出频率为 1 000 Hz,输出波形为正弦波,在不同衰减档位时的输出电压填入附表 1.1 中(使信号发生器输出衰减为 0 dB 时,输出电压有效值为 4 V)。

附表 1.1　用交流毫伏表测量电压

输出衰减(dB)	0	20	40	60
交流毫伏表指示(有效值)	4 V			
信号发生器指示(峰-峰值)				
计算有效值				
测量与计算的误差值				

测量中注意毫伏表量程的选择。

附录 2
UTD2062C 数字存储示波器使用说明

UTD2062C 数字存储示波器面板图如附图 2.1 所示。

UTD2026C 数字存储示波器符合传统示波器的使用习惯，所以不必花大量的时间学习和熟悉数字示波器的操作，即可熟练使用。为加速调整，便于测量，可直接按 AUTO 按钮，示波器则显现适合的波形和挡位设置。

除易于使用之外，UTD2062C 数字存储示波器还具有更快完成测量任务所需要的高性能指标和强大功能。通过 500 MS/s 实时采样和 25 GS/s 的等效采样，可在 UTD2062C 数字存储示波器上观察更快的信号。强大的触发和分析能力使其易于捕捉和分析波形。清晰的液晶显示和数字预算功能，便于更快更清晰地观察和分析信号问题。

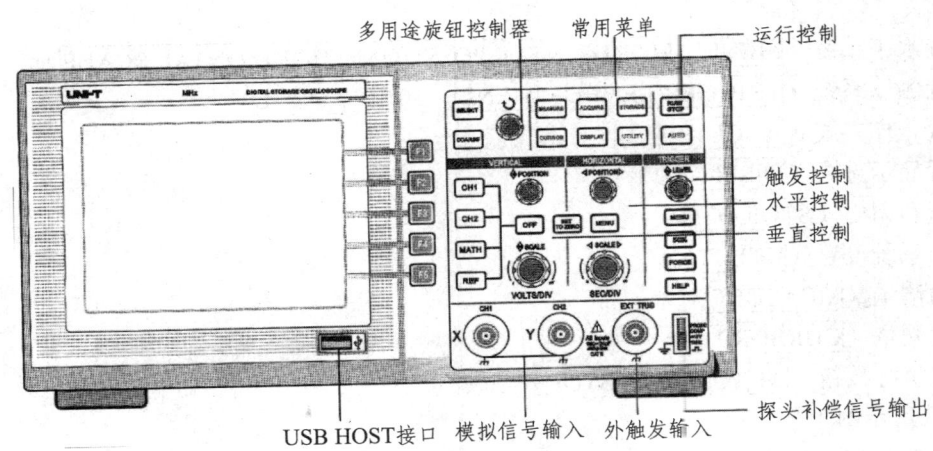

附图 2.1　UTD2062C 数字存储示波器面板图

从以下性能特点，可以了解此数字存储示波器如何满足测量要求。

① 双模通道；

② 高清晰彩色液晶显示系统 320×240 分辨率；

③ 支持即插即用 USB 存储设备，并可通过 USB 存储设备与计算机通信；

④ 自动波形、状态设备；

⑤ 波形、设置和位图存储以及波形和设置再现；

⑥ 精细的视窗扩展功能，精确分析波形的细节与概貌；

⑦ 自动测量 28 种波形参数；

⑧ 自动光标跟踪测量功能；

⑨ 多种波形数字运算功能（包括：加、减、乘、除）；

⑩ 中英文帮助信息显示。

下面简单介绍 UTD2062C 数字存储示波器的使用方法。

1. 功能检查

（1）接通仪器电源

本机电源的供电电压为交流 100～240 V，频率为 45～440 Hz。接通电源后，开启仪器顶部的电源开关。

（2）数字存储示波器接入信号

UTD2062C 数字存储示波器为双通道输入，另有一个外触发通道。

将数字示波器探头连接到 CH1 输入端，并将探头上的衰减倍率开关设定 10×；把探头的探针和接地夹连接到探头补偿信号的相应连接端上；按 AUTO 按钮，几秒钟内，可见到方波显示（1 kHz，峰-峰值约 3 V）。以同样的方法检查 CH2，按 OFF 功能按钮关闭 CH1，按 CH2 功能按钮打开 CH2。

2. UTD2062C 数字存储示波器的设置

该仪器设置分为：垂直控制区，水平控制区。

触发系统：

设置垂直系统（CH1，CH2，MATH，REF，OFF，VERTICAL POSITION，VERTICAL SCALE）

设置水平系统（MENU，HORIZONTAL POSITION，HORIZONTAL SCALE）

设置触发系统（TRIGGER LEVEL，MENU，50%，FORCE）

设置采样方式（ACQUIRE）

设置显示方式（DISPLAY）

存储和调出（STORAGE）

辅助系统设置（UTILITY）

自动测量（MEASURE）

光标测量（CURSOR）

使用执行按钮（AUTO，RUN/STOP）

3. 应用示例

（1）测量简单信号

观测电路中一未知信号，迅速显示和测量信号的频率和峰-峰值。

① 欲迅速显示该信号，请按如下步骤操作：

- 将探头菜单衰减系数设定为 10×，并将探头上的开关设定为 10×。
- 将 CH1 的探头连接到电路被测点。
- 按下 AUTO 按钮，数字存储示波器将自动设置，使波形显示达到最佳。在此基础上，进一步调节垂直、水平挡位，直至波形的显示符合要求。

② 欲测量信号的频率和峰-峰值，请按如下步骤操作：
- 按 MEASURE 按键，以显示自动测量菜单。
- 按下 F1 按钮，进入测量菜单种类选择。
- 按下 F3 按钮，选择"电压类"。
- 按下 F5 按钮，翻至 2/4 页，再按 F3 按钮，选择测量类型（峰-峰值）。
- 按下 F2 按钮，进入测量菜单种类选择，再按 F4 按钮，选择"时间类"。
- 按下 F2 按钮，即可选择测量类型（频率）。

此时，峰-峰值和频率的测量值分别显示在 F1 和 F2 的位置。

(2) 观察正弦波信号通过电路产生的延时

与上例相同，设置探头和数字存储示波器通道的探头衰减系数为 10×。将数字存储示波器 CH1 通道与电路信号输入端相接，CH2 通道则与输出端相接。

① 显示 CH1 通道和 CH2 通道的信号，请按如下步骤操作：
- 按下 AUTO 按钮。
- 调整水平、垂直挡位，直至波形显示满足测试要求。
- 按 CH1 按钮选择 CH1，旋转垂直位置旋钮，调整 CH1 波形的垂直位置。
- 按 CH2 按钮选择 CH2，调整 CH2 波形的垂直位置，使通道 1、2 的波形既不重叠在一起，又利于观察比较。

② 欲测量正弦信号通过电路后产生的延时，并观察波形的变化，请按如下步骤操作：
- 按 MEASURE 按钮，以显示自动测量菜单。
- 按 F1 按钮，进入测量菜单种类选择。
- 按 F4 按钮，进入时间类测量参数列表。
- 按两次 F5 按钮，进入 3/3 页。
- 按 F2 按钮，选择延迟测量。
- 按 F1 按钮，选择"从 CH1"，再按下 F2 键，选择"到 CH2"，然后按 F5 按钮确定。

此时，可以在 F1 区域的"CH1-CH2 延迟"下看到延迟值。
- 观察波形的变化。

(3) *X-Y* 功能的应用

测试信号经过一电路产生的相位变化。

将数字存储示波器与电路连接，监测电路的输入、输出信号。欲以 *X-Y* 坐标图的形式查看电路的输入、输出，请按如下步骤操作：

① 将探头菜单衰减系数设定为 10×，并将探头上的开关设定为 10×。
② 将 CH1 的探头连接至电路的输入，将 CH2 的探头连接至电路的输出。
③ 若通道未被显示，则按下 CH1 和 CH2 菜单按键，打开两个通道。
④ 按下 AUTO 按钮。
⑤ 调整垂直标度旋钮使两路信号显示的幅值大约相等。
⑥ 按 DISPLAY 菜单按钮，以调出显示控制菜单。
⑦ 按 F2 按钮，以选择 *X-Y*。数字存储示波器将以李沙育（Lissajous）图形模式显示该电路的输入、输出特征。

⑧ 调整垂直标度和垂直位置旋钮，使波形达到最佳效果。
⑨ 应用椭圆示波图形法观测并计算出相位差。

如附图 2.2 所示，根据 $\sin\theta = \dfrac{A}{B}$ 或 $\dfrac{C}{D}$（其中 θ 为通道间的相差角），可得 $\theta = \pm\arcsin\left(\dfrac{A}{B}\right)$ 或 $\theta = \pm\arcsin\left(\dfrac{C}{D}\right)$。如果椭圆的主轴在Ⅰ、Ⅲ象限内，那么所求得的相应差角应在Ⅰ，Ⅳ象限内，即在 $0<\theta<\dfrac{\pi}{2}$ 或 $3\dfrac{\pi}{2}<\theta<2\pi$ 内。如果椭圆的主轴在Ⅱ、Ⅳ象限内，那么所求得的相位差角应在Ⅱ、Ⅲ象限内，即 $\dfrac{\pi}{2}<\theta<\pi$ 或 $\pi<\theta<3\dfrac{\pi}{2}$。

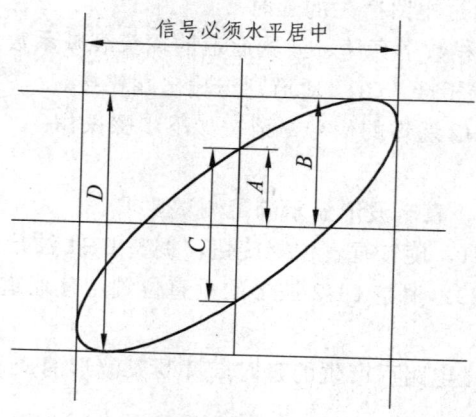

附图 2.2

另外，如果两个被测信号的频率或相位差为整数倍时，根据图形可以推算出两信号之间频率及相位关系。

X-Y 相位差表如附表 2.1 所示。

附表 2.1 X-Y 相位差表

信号频率比	相 位 差					
	0°	45°	90°	180°	270°	360°
1∶1	/	╱	○	\	╲	○

4. 示波器操作目的
学会示波器的使用。

5. 示波器操作内容
仔细阅读示波器使用说明书，动手操作示波器，接通电源，开启示波器外壳顶部左边的电源开关，待示波器有扫描线后，便可进行测量（将信号发生器输出频率调到 1 000 Hz、电压有效值衰减到 0 dB 时为 4 V）。将信号接入示波器后，按 AUTO 按钮，示波器则自动设置，使被测波形显示达到最佳。按附表 2.2 的要求进行测试并记录。

附表 2.2　用示波器和交流毫伏表测量电压

信号发生器输出衰减（dB）	0	20	40	60
交流毫伏表指示（有效值）	4 V			
示波器灵敏度选择档位（V/div）				
峰-峰值波形高度（格）				
峰-峰值电压 u_{p-p}				

附录 3

部分集成电路引脚排列

一、74LS 系列

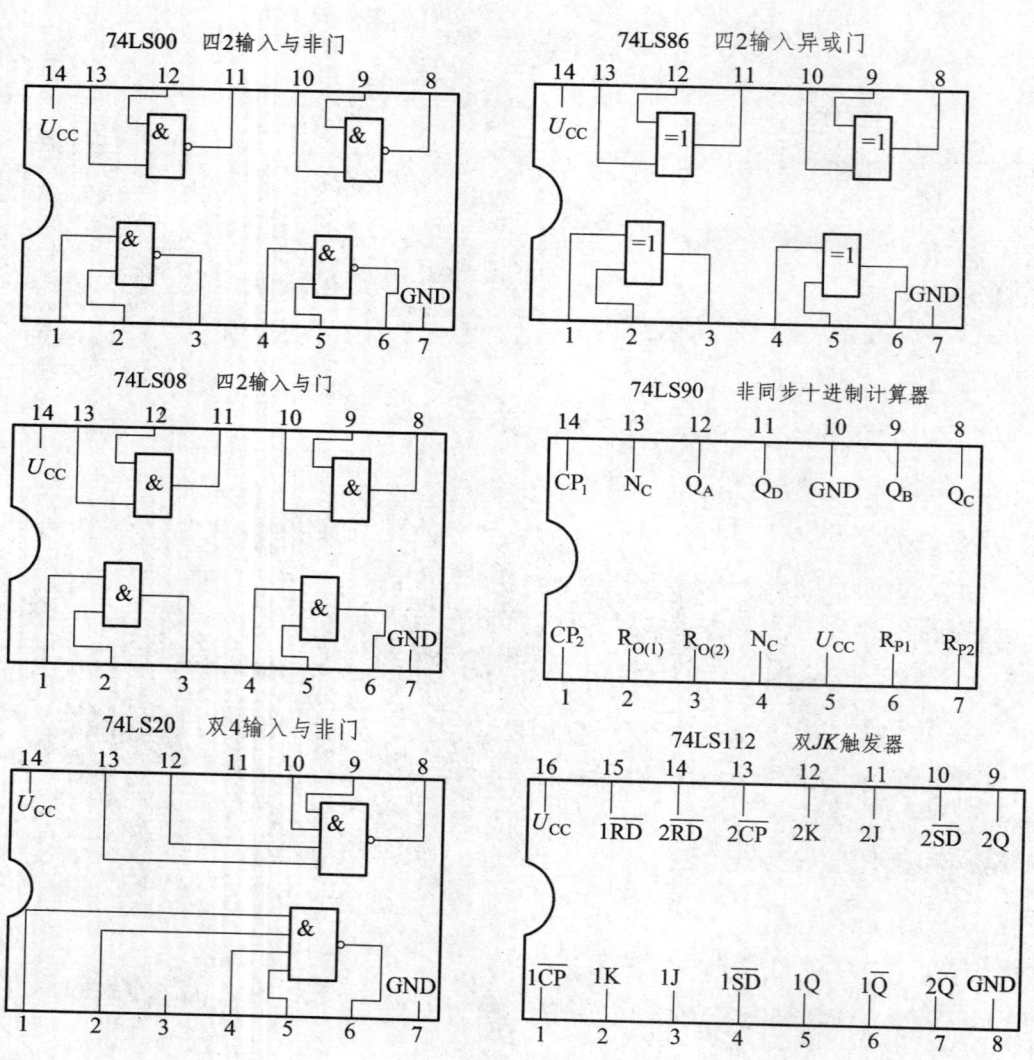

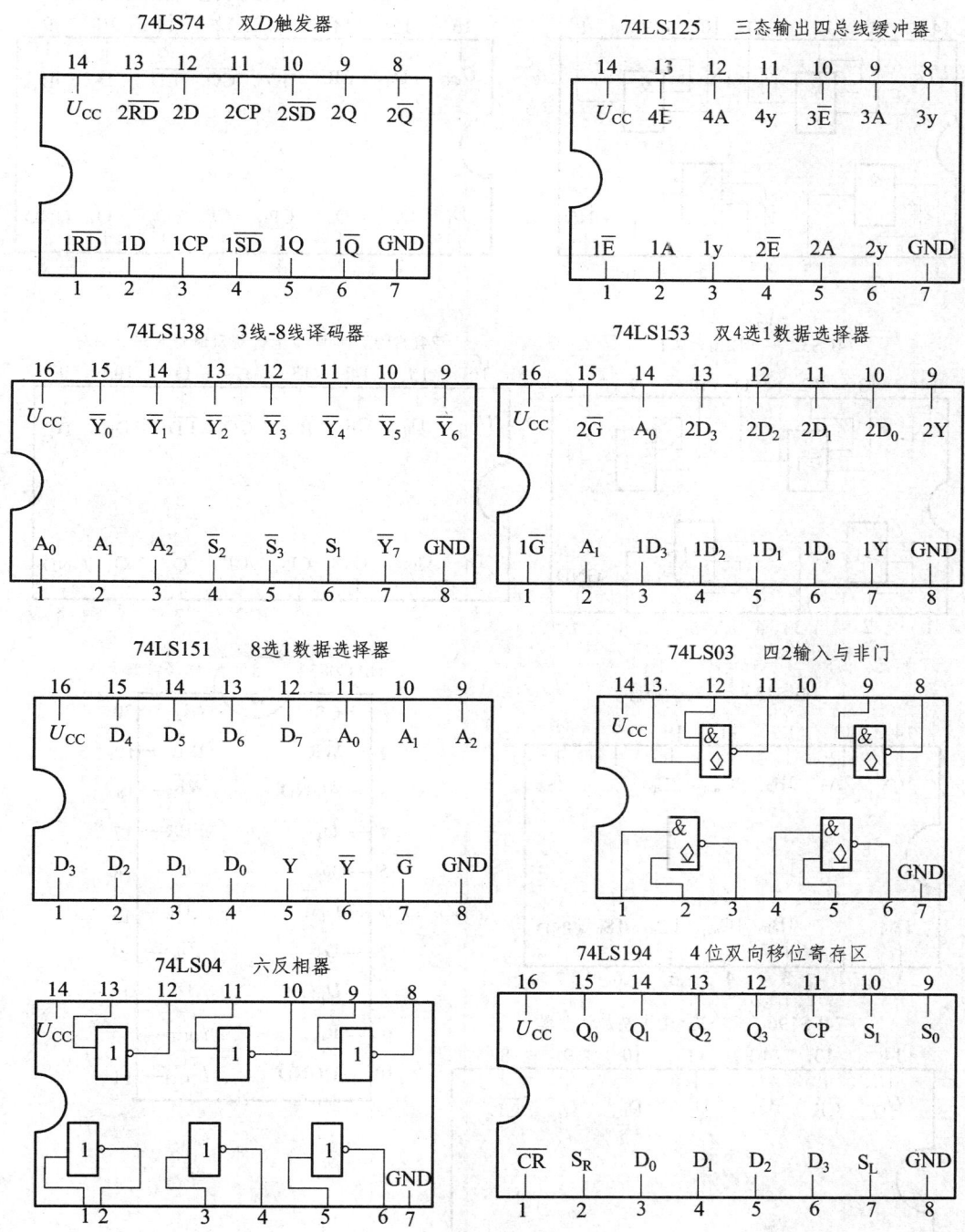

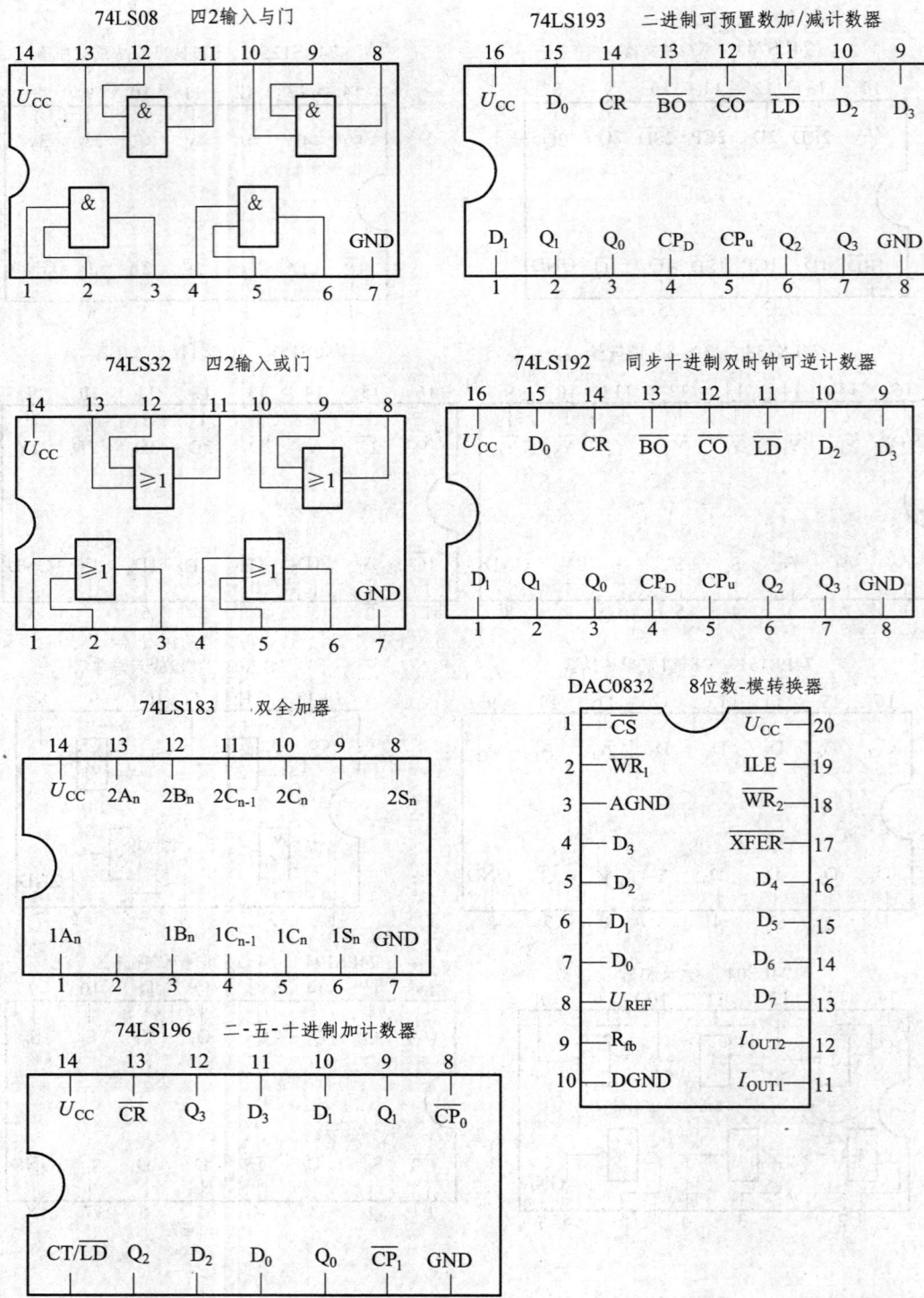

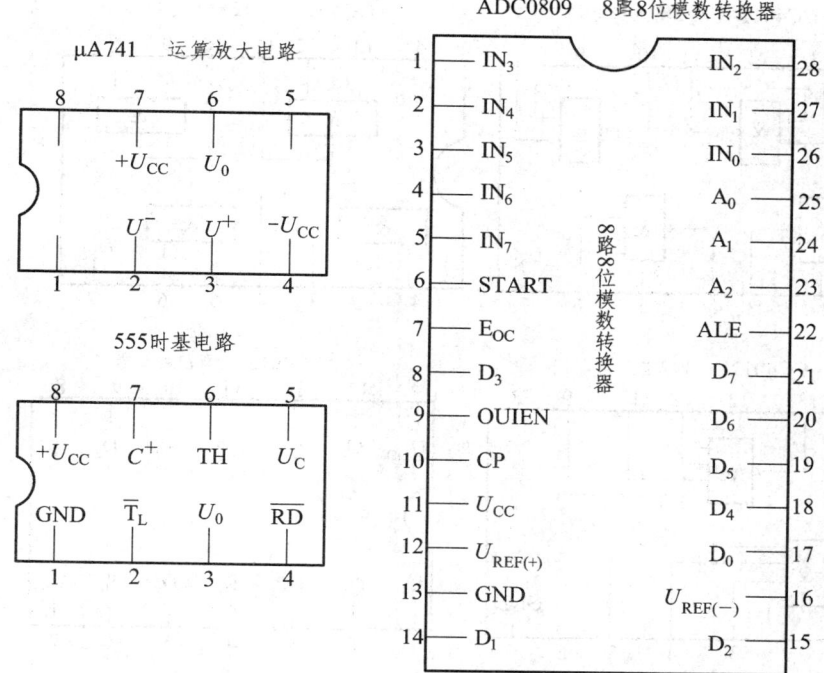

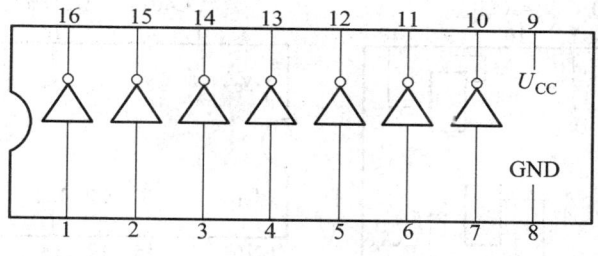

二、CC4000 系列

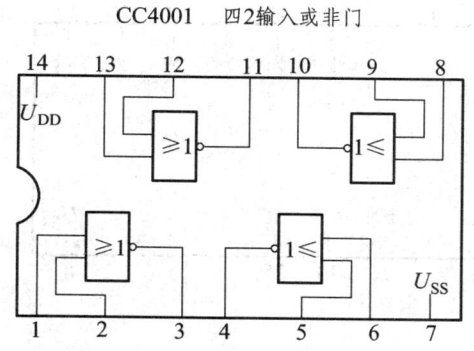

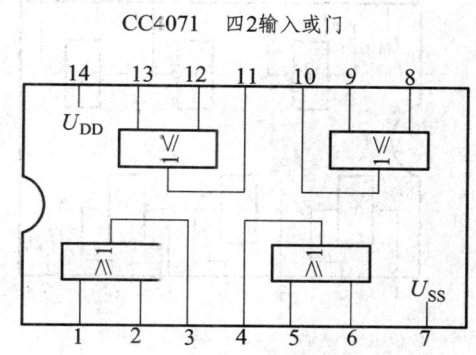

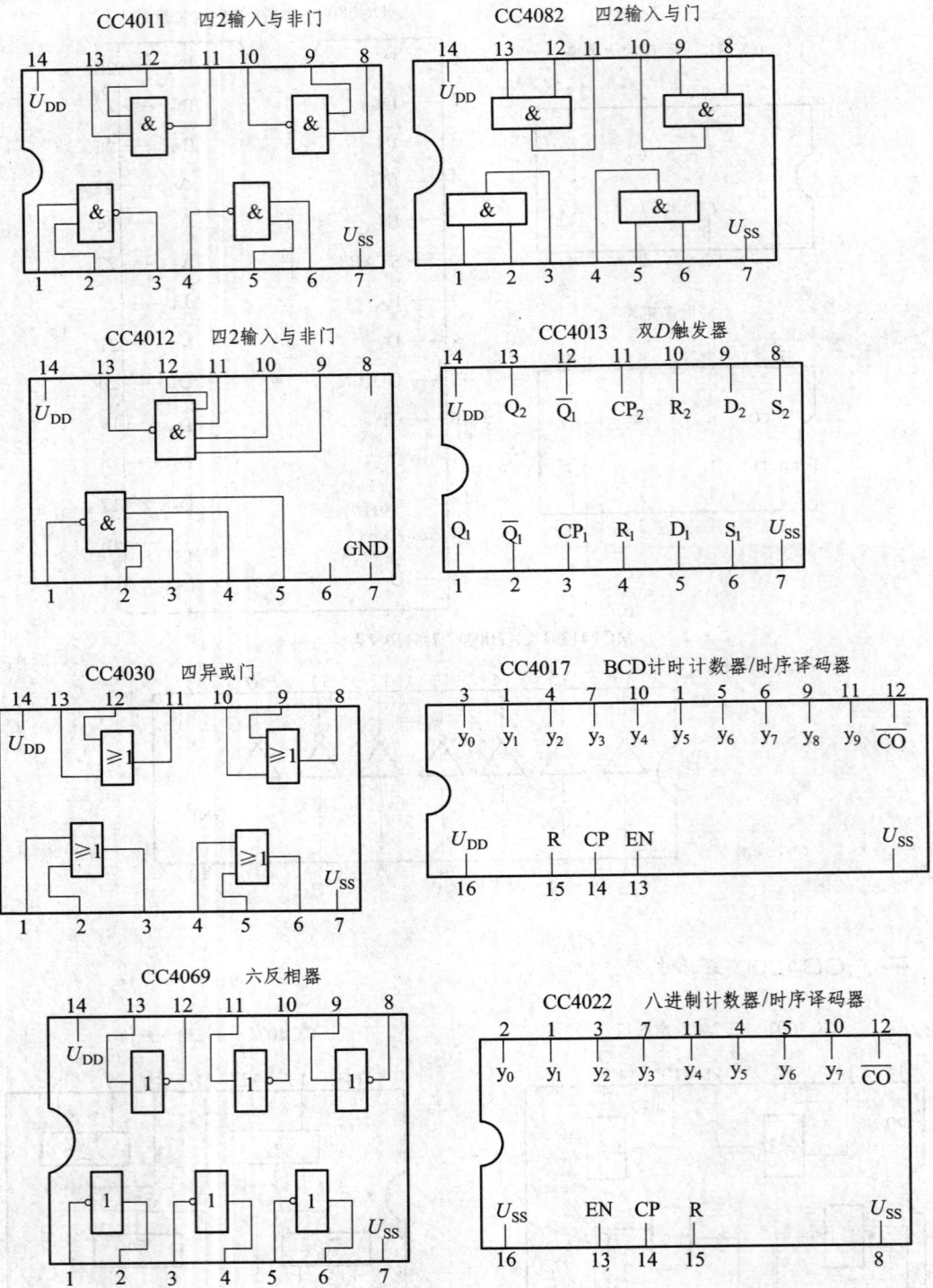

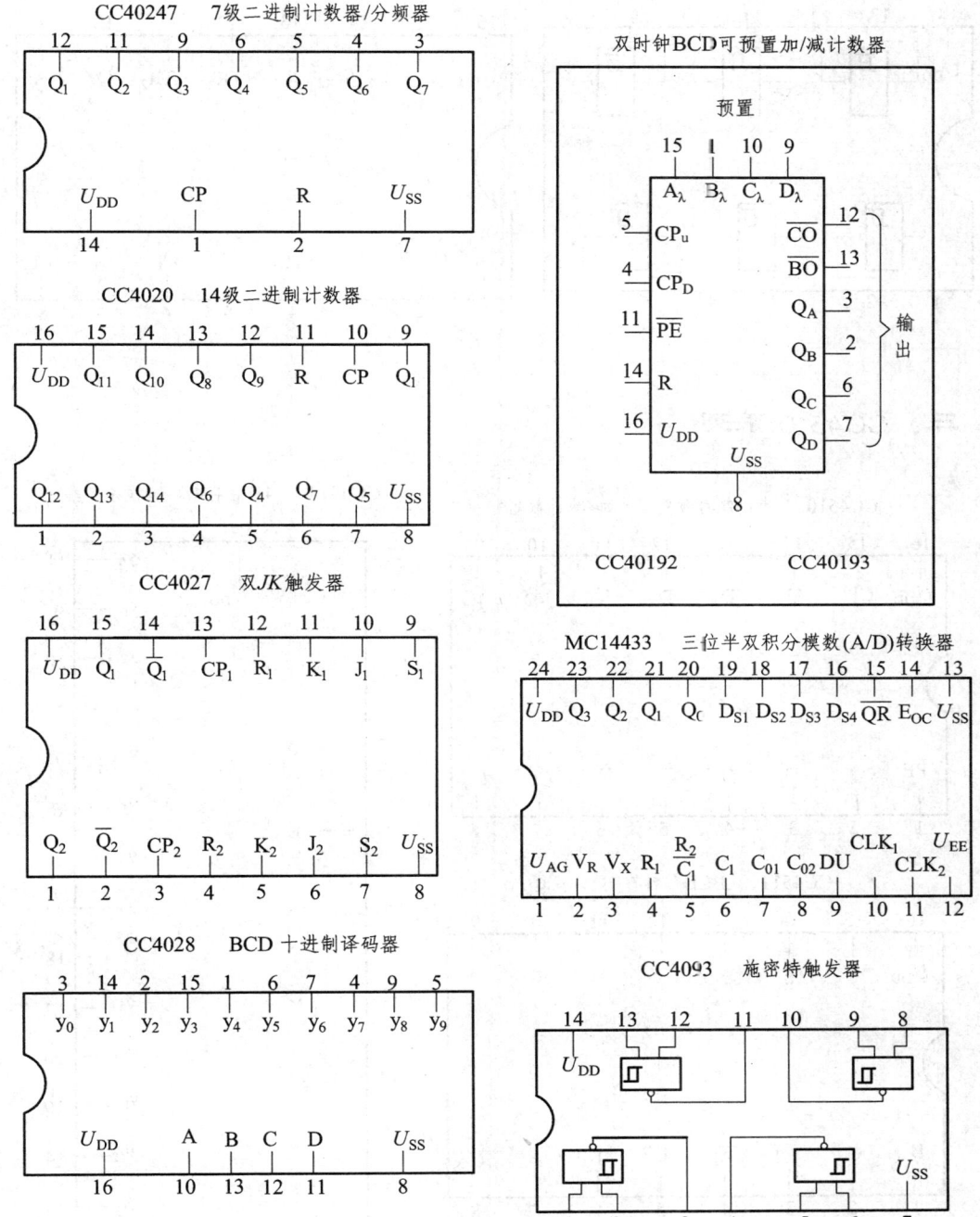

三、CC4510 系列

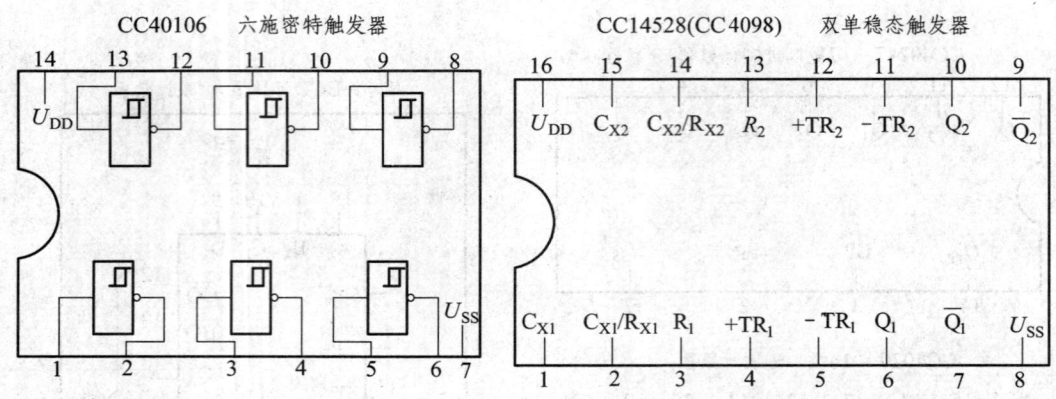

CC40106 六施密特触发器

CC14528(CC4098) 双单稳态触发器

CC4510 十进制可预置同步加/减计数器

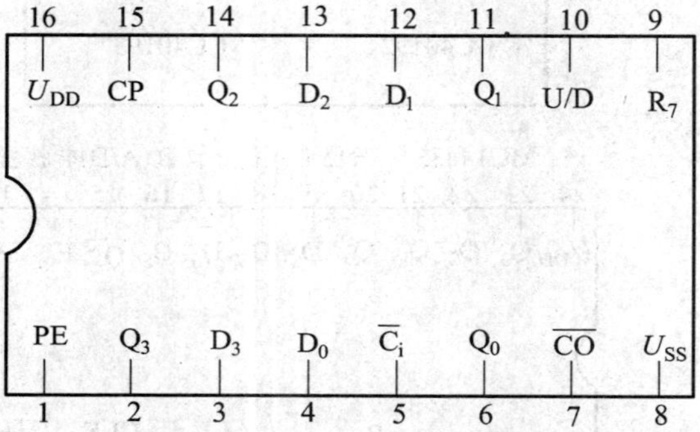

CC4511 BCD码锁存7段译码器

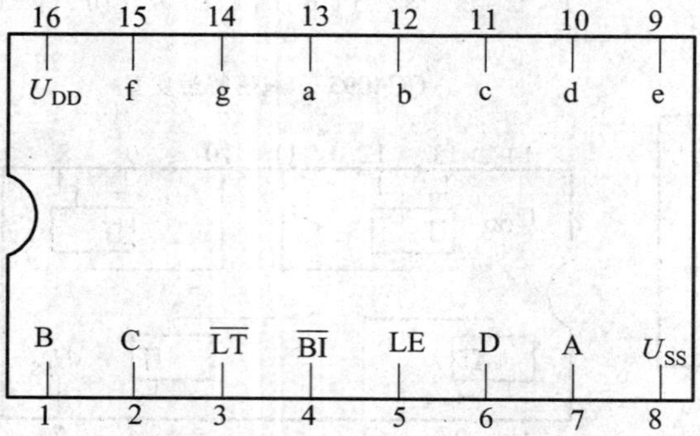

CC4514 4位锁存4线-16线译码器

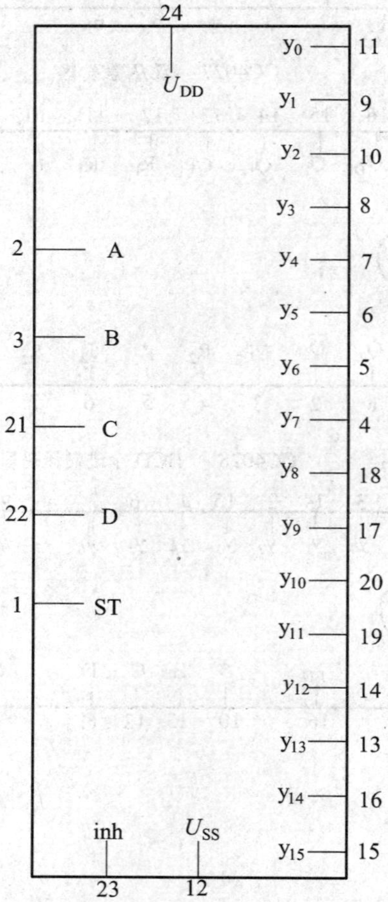

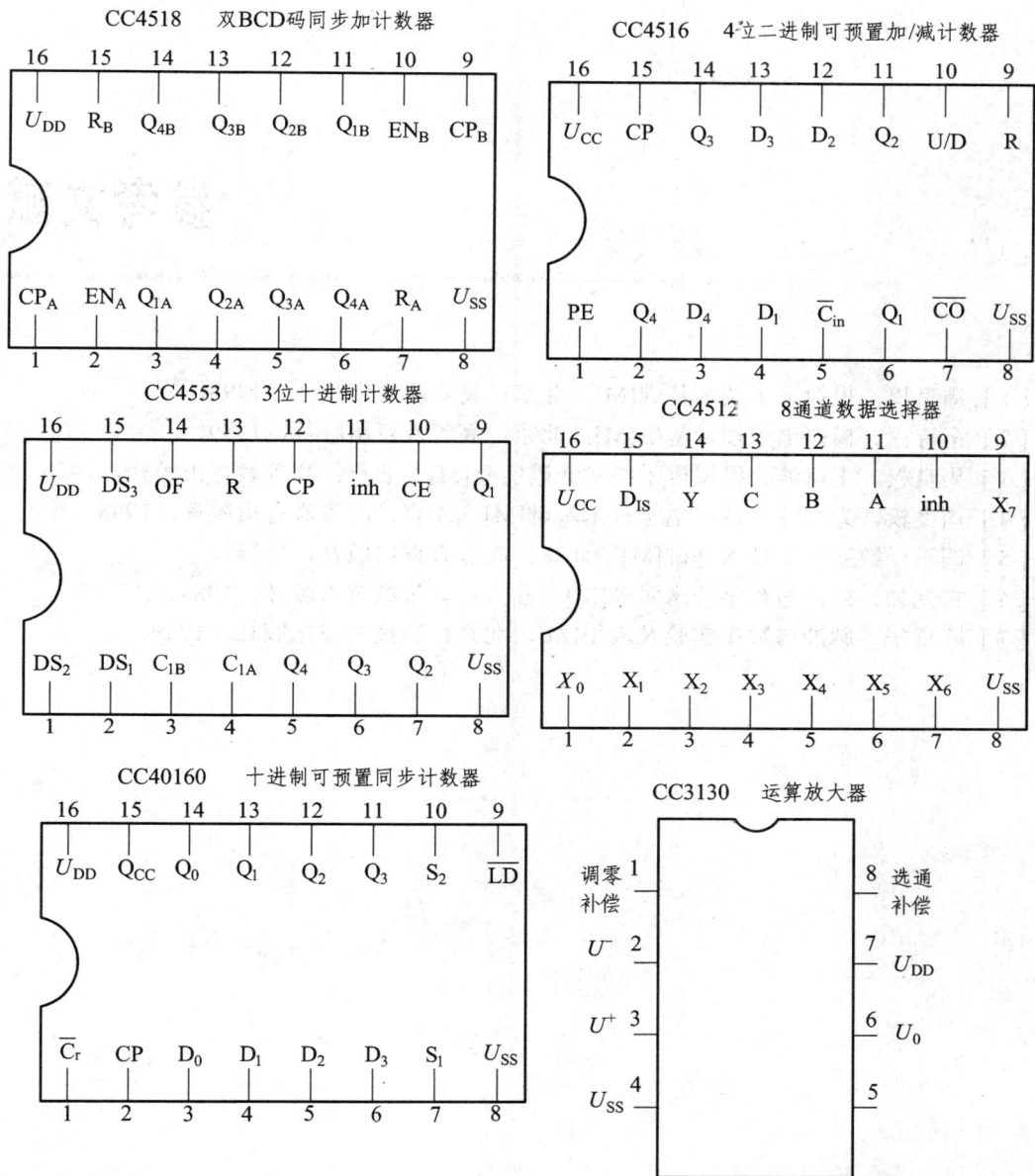

参考文献

[1] 周良权. 模拟电子技术基础[M]. 北京：高等教育出版社，1998.
[2] 童诗白. 模拟电子技术基础[M]. 北京：高等教育出版社，1989.
[3] 周良权，王凤岐. 模拟电子技术基础实验[M]. 北京：高等教育出版社，1986.
[4] 周良权，方向乔. 数字电子技术基础[M]. 北京：高等教育出版社，1998.
[5] 阎石. 数字电子技术基础[M]. 北京：高等教育出版社，1984.
[6] 方九如. 脉冲与数字技术实验[M]. 北京：高等教育出版社，1984.
[7] 陈耀华. 脉冲与数字实验及应用[M]. 北京：科技文献出版社，1989.